Dorothee Schneider

Hunde
einfach erziehen

KOSMOS

Inhalt

Wie Hunde wirklich sind

Die erste Zeit ist prägend

Lernen macht Spaß

Stärken Sie Ihre Beziehung

Gemeinsam unterwegs

Management an Ausnahmetagen

Probleme lösen

Service

Wie Hunde wirklich sind

Folgen ist leichter als führen

Es existieren viele Vorurteile und Irrtümer über das Naturell unserer Haushunde. Entgegen der landläufigen Meinung haben Hunde es nicht permanent im Sinn, die Alpha-Rolle zu übernehmen – ganz im Gegenteil. Ob überhaupt eine Rangordnung unter verschiedenen Spezies aufgebaut wird, ist fraglich. Wenn Sie Ihrem Hund durch klare Regeln und eine gewaltfreie Erziehung Sicherheit geben, wird er Ihnen gern folgen. Denn Folgen ist viel leichter als Führen.

Hunde sind keine Rambos

Hunde sind keine Rambos, die permanent ihre Stärke beweisen wollen oder ständig die Alpharolle anvisieren, wie so oft angenommen. Über viele Jahre hinweg wurde das unseren vierbeinigen Freunden nur allzu oft unterstellt – auch viele Erziehungstipps basier(t)en auf diesem Irrtum. Es ist nicht nötig, an der Leine zu rucken beziehungsweise mit der Hand oder der Zeitung den Hund zu schlagen. Sie dürfen Ihren Hund auch niemals wegen eines „Vergehens" auf den Boden drücken beziehungsweise gewaltsam auf den Rücken drehen. Dieser sogenannte Alphawurf sowie das „berühmte" Nackenschütteln verunsichern Hunde zutiefst und sie verlieren das Vertrauen zum Menschen. Hunde verstehen solches Verhalten nicht und erkennen es schon gar nicht als Bestrafung für ein vorheriges Fehlverhalten.

Strafe als Beziehungskiller

Aus Hundesicht wirken sich Strafaktionen sehr schädlich auf die gemeinsame Beziehung aus. Je nach Veranlagung des Hundes, flüchtet sich der eine Vierbeiner in ängstlich-unterwürfiges Verhalten, der andere hingegen wehrt sich –

Unter Wölfen gibt es mehr freundlich beschwichtigende Gesten als Aggressionssignale. Sie sind Konfliktvermeider.

notfalls auch mit seinen Zähnen. Wird Gegenwehr des Hundes nun wiederum bestraft („Du wagst es, nach mir zu schnappen!") beginnt eine Spirale gegenseitiger Aggression – ein buchstäblicher Teufelskreis aus Angst, Gewalt, Schmerz und wieder Angst. Lassen Sie es keinesfalls soweit kommen. Durchbrechen Sie den Teufelskreis und verzichten Sie bewusst auf jeglichen körperlichen Übergriff. Nur so ist ein neuer Anfang möglich.

Subtile Kommunikation

Ein gutes Miteinander kann niemals erzwungen werden, denn echte Kooperation entsteht nicht durch Gewalt. Gegenseitiges Vertrauen will erarbeitet sein. In der Natur, unter Wölfen oder wild lebenden Hunden, regelt sich das Zusammenleben innerhalb der Gruppe über eine sehr subtile Kommunikation: Da nimmt der eine Hund den Kopf etwas höher und schaut sein Gegenüber durchdringend an, der andere versteht und räumt unter beschwichtigenden Gesten den Platz. Hunde vermeiden Konflikte, wo es nur geht, und suchen zunächst immer eine Möglichkeit, ohne direkte Auseinandersetzung miteinander klarzukommen. Viel zu hoch wäre nämlich das Verletzungsrisiko (und damit verbunden eine direkte Schwächung des gesamten Rudels).

Die Notwehr der Hunde

Leider bringen viele Hundehalter ihre Tiere durch tätliche Übergriffe (im Rahmen Ihrer Erziehungsbemühungen) so sehr in Bedrängnis, dass dem betroffenen Hund bald nichts anderes mehr übrig bleibt, als sich durch Knurren, Zähnefletschen bis hin zum Schnappen oder echtem Zubeißen zu wehren. Diese Hunde handeln quasi in Notwehr.

Erlebt der Hund seine Erziehung immer wieder als beängstigendes Szenario mit lauten Worten und einem aufgeregten Besitzer und muss permanent Übergriffe wie Leinenruck, Manipulationen durch Herunterdrücken, Ziehen oder Schieben seines Körpers in diverse Positionen befürchten, dann wird sich auch der geduldigste Vierbeiner irgendwann zu wehren beginnen. Meistens versuchen Hunde zunächst, ihre Besitzer durch zahlreiche beschwichtigende Gesten friedlicher zu stimmen. „Plan A" des Hundes ist es, das Gegenüber zunächst einmal zu beruhi-

Knurren und Zähneblecken heißen: „Ich will eigentlich nicht beißen!", – sonst hätte er schon längst zugeschnappt.

gen. Auf Hundeart geschieht dies durch Blinzeln, Abwenden des Blickes, Wegdrehen des Kopfes oder des gesamten Körpers, kurzes Schlecken über die Nase, Kopf absenken (mit und ohne Schnuppern), Anheben einer Vorderpfote, Urinieren oder langsames Weggehen aus dem Gefahrenbereich. Versteht der Mensch die Hundesprache nicht und fühlt sich womöglich dadurch provoziert, ärgert sich der Zweibeiner noch mehr. Wenn also alle Bemühungen des Hundes, diesen Konflikt friedlich zu lösen, fehlschlagen, kommt „Plan B" an die Reihe – die offensive Abwehr. Vergessen wir nicht, der Mensch hat durch unangebrachtes Verhalten und Unverständnis seinen Vierbeiner in eine innere Notlage gebracht – nicht der Hund war Verursacher dieser gefährlichen Situation. Dies ist eine aus der Not geborene, erworbene Verhaltensweise. Von Natur aus sind Hunde friedliche Tiere mit einer sehr hohen Sozialkompetenz und möchten Konflikte unbedingt vermeiden.

Kompetente Führungspersönlichkeiten

Die Führung innerhalb eines Rudels geht von demjenigen Gruppenmitglied aus, das in dieser (!) Situation über das größte Know-how verfügt. Das bedeutet, dass die Leitfunktion situationsabhängig zeitweise auch wechseln kann, ohne dass deswegen das „Alpha"-Tier an Anerkennung und Respekt verlieren würde. Auch hier können wir, wie so häufig, eine spannende Parallele zum Menschen feststellen. Der Chef einer großen Firma wird trotzdem Chef bleiben, auch wenn er Spezialaufgaben an seine Experten im Team delegiert.

So werden Sie ein guter Chef

Es ist immer wieder spannend zu beobachten, wie sich die ranghohen, selbstbewussten Hunde durch ihre Souveränität und Freundlichkeit gegenüber den anderen Gruppenmitgliedern hervorheben. Ein wirklich dominantes Tier strahlt innere Stärke und Ruhe aus, da treten die anderen Rudelmitglieder von allein respektvoll, jedoch ohne Angst, einen Schritt zurück. Sichern Sie sich durch souveränes, gelassenes Verhalten die Chef-Position.

Mimik und Körpersprache sind sehr facettenreich. Ohren, Augen, Nasenrücken und Maulwinkel, aber auch Körper- und Rutenhaltung drücken aus, wie sich der Hund fühlt. Auch durch Bellen werden Emotionen ausgedrückt.

Kleine Gesten erhalten die Freundschaft

Immer wieder versichern sich Hunde untereinander ihre Friedfertigkeit durch kleine, körpersprachliche Signale. Man muss schon genau hinschauen, um das Blinzeln, das Wegschauen, das minimale Senken des Kopfes oder das sekundenschnelle Züngeln wahrzunehmen. Vergessen wir nicht: Hunde beobachten den ganzen Tag. Sie sind wahre Meister der Körpersprache und der Beobachtung. Wer darf welchen Platz einnehmen und wer weicht wem aus? Wer schaut wem einen Deut länger in die Augen oder welches Tier sträubt sein Nackenfell ein wenig? Der so oft missbrauchte Begriff „Dominanz" ist keine angeborene Eigenschaft.

Dominanz am Beispiel

Ein Beispiel aus unserer Arbeitswelt soll dies veranschaulichen: Der Schreinermeister begegnet seinem Auszubildenden in der Firma und weist ihn an, zehn Bretter sorgfältig zu hobeln (der Schreinermeister ist hierbei der „Dominante"). Kurze Zeit darauf trifft der Schreinermeister auf den Geschäftsführer des Betriebes. Minuten später wird nun aus einem „Dominanten" ein „Subdominanter": Selbstverständlich grüßt der Schreinermeister seinen Chef zuvorkommend, tritt gern beiseite, um ihm den Weg freizumachen. Der Geschäftsführer muss sich den freien Weg und das höfliche Verhalten seines Meisters

Auch Menschen kommunizieren über Körpersprache und Mimik. Viele Verhaltensweisen sind sogar ähnlich: (von links nach rechts) von Freude über Verlegenheit, passive Ignoranz bis hin zum beginnenden Drohverhalten.

nicht unter Geschrei und Drohgehabe erkämpfen. Der Schreinermeister muss seinen Azubi nicht mit erhobener Faust an die Bretter zwingen. Die Initiative, die Überlegenheit des jeweiligen Chefs anzuerkennen (= soziale Regeln einzuhalten und Weisungen zu befolgen), geht vom Rangniedrigeren (!) aus.

 ## Dominanz

> Dominanz ist keine angeborene Eigenschaft, sondern Ausdruck einer Beziehung verschiedener Individuen zueinander. Dominanz ist eine in Sekundenschnelle wechselnde Verhaltensanpassung, die stets von unten nach oben (!) agiert – und nicht umgekehrt. Diese Erkenntnis ist von elementarer Bedeutung für eine tiergerechte, gewaltfreie Erziehung des Hundes.

Motivation

Warum zeigen sich der Azubi und der Schreinermeister gegenüber dem jeweiligen Vorgesetzten so willig und dienstbeflissen? Sie haben doch weder Schläge noch körperliche Bedrohung zu befürchten und werden auch nicht gewürgt, wenn sie die Arbeit verweigerten.

Die Motivation zu „gehorchen" entsteht aus der gegebenen Situation, dass gute Arbeit (per Gehaltszahlung) belohnt wird. Die Sicherung der eigenen Existenz ist also Grundlage für Anerkennung der „Dominanz" des Chefs und damit für die Befolgung seiner Arbeitsanweisungen.

Futterbelohnung

Dieser Exkurs in unser Berufsleben ist deshalb nötig, weil wir dadurch besser verstehen können, warum die Futterbelohnung eine so wichtige Rolle innerhalb der Hundeerziehung spielt. Auch ein Wolfsrudel ist zusammen, um gemeinsam zu jagen (= den Bauch zu füllen). Soziale Regeln innerhalb einer Gruppe sind wichtig, um Konflikte möglichst zu vermeiden. Nur dann bleibt die Gruppe als solche stark und damit überlebensfähig. Ob es uns nun passt oder nicht, in der Natur gilt „Nahrung für Arbeit" und auch wenn dieses Prinzip bei uns Menschen über den monatlichen Gehaltsscheck führt, bleibt es doch dasselbe. Es schließt sich dabei auch nicht aus, seinen Chef zu mögen und trotzdem Gehalt für gute Arbeit zu erhalten. Würden Sie das als „Bestechung" ansehen?

Wir wollen unserem Hund ein guter Chef sein, ein gutes Arbeitsklima schaffen und faire Konditionen aufstellen.

Gute Chefs

Dominanz zeigt sich in der Welt der Hunde durch Souveränität, Ruhe und Klarheit bei gleichzeitig entspannter, freundlicher innerer Haltung. Der wirklich Dominante braucht keine Angst um seinen Rang zu haben, denn er verwaltet alle wichtigen Ressourcen wie Futter, soziale Zuwendung und vieles mehr. Die Chef-Position ist durch zahlreiche richtige Entscheidungen und vorausschauende Handlungsweisen erarbeitet worden und dadurch stabil. Ein guter Chef beweist in vielen kleinen Situationen soziale Kompetenz und vermittelt ein Gefühl der Sicherheit. Einem solchen Chef folgt man gern.

Ihr Führungs-kompetenzkonto

Überlegen Sie einmal, wie häufig sich Menschen nicht souverän gegenüber ihrem Hund zeigen, sondern laut schimpfend („bellend") Unsicherheitsgefühle beim Hund produzieren. Damit werden kräftig Minuspunkte gesammelt und deren Führungskompetenz sinkt in solchen Augenblicken erheblich. Unterstreichen Sie Ihre persönliche Führungskompetenz im Alltag auf positive Art und Weise. Dafür gibt es viele Übungen, die leicht durchzuführen sind.

Taburäume schaffen

Schaffen Sie zum Beispiel einen (oder mehrere) Taburäume. Erklären Sie beispielsweise das Kinderzimmer oder die Küche als Taburaum für den Hund. Er darf die Taburäume nicht betreten, da gibt es keine Ausnahmen. Sie können den Taburaum durch ein Kindergitter an der Tür absperren. Allein die Tatsache, dass Sie und die Familienmitglieder sich dort aufhalten können und er, der Hund, keine Möglichkeit hat, dorthin zu gehen, verdeutlicht ihm, dass Menschen ihm überlegen sind. Auch unter uns Menschen ist es durchaus üblich, den Status (Dominanz) dadurch zu unterstreichen, dass man Taburäume einsetzt. Denken Sie nur an die VIP-Lounge im Stadion, die erste Klasse im Zug oder die Chefetage eines Weltkonzerns. Scheuen Sie sich nicht, Regionen Ihrer Wohnung für den Hund zu tabuisieren.

Präsenz zeigen

Möchten oder können Sie die Tabuzone nicht durch ein Gitter oder ähnliches absperren, dies ist zum Beispiel der Fall, wenn sie die Wohnzimmercouch als Tabuzone ausweisen möchten, dann ist ein hohes Maß an Aufmerksamkeit erforderlich. Wenn sich die erste Pfote in beziehungsweise auf die Tabuzone legen sollte, schicken Sie den Hund klar und deutlich (aber nicht grob oder gar laut) von hier weg. Sollten Sie in diesem Moment zu weit entfernt sein, um den

Hund direkt wegzuschicken, dann unterbrechen Sie sein Ansinnen durch ein Umlenksignal und ziehen Sie so seine Aufmerksamkeit auf sich. Auch das frühzeitige Umlenken des Vorhabens „auf die Couch steigen" durch den Wurf eines Leckerchens in die entgegengesetzte Richtung ist wirksam. Ein Prozess, der immer und immer wieder durch eine „bessere Idee" unterbrochen wird, schläft im Laufe der Zeit ein. Dies verdeutlicht, dass Sie nicht nur immer (!) auf die Einhaltung Ihrer Regeln bestehen müssen, sondern dass Sie diese auch immer (!) überwachen müssen. Man könnte auch sagen, hundertprozentige Präsenz ist der Schlüssel zum Erfolg. Ist Ihnen diese im Moment nicht möglich, dann lassen Sie den Hund nicht unbeaufsichtigt im Zimmer zurück, sondern nehmen ihn einfach mit in den Garten und schließen die Tür.

Eindeutige Entscheidungen treffen

Ich meine nicht, dass Sie Ihren Hund keinesfalls auf die Couch (oder ins Bett oder ins Kinderzimmer) lassen dürfen, weil Sie sonst keine Chef-Position erreichen können – bitte verstehen Sie mich nicht falsch. Ob ein Hund auf der Couch liegen darf oder nicht, sollte in meinen Augen danach entschieden werden, ob Sie dort Hundehaare akzeptieren können oder nicht. Ob der Hund ins Bett oder ins Kinderzimmer darf, hängt davon ab, ob es Ihnen angenehm ist oder nicht. Das hat keinen Einfluss auf seine Gehorsamsbereitschaft. Sie dürfen also die gemeinsame Kuschelstunde auf dem Sofa weiterhin genießen. Wichtig ist, dass Sie eine klare Entscheidung treffen, die gültig ist und bleibt – also entweder darf der Hund immer oder er darf nie. Klare Entscheidungen und klare Regeln geben Sicherheit. Wer Sicherheit vermittelt, erwirbt Führungskompetenz. Aus diesem Grund verbietet sich ein Durchsetzen der aufgestellten Regeln mittels körperlicher Bestrafung von allein, denn dies würde ja das Gefühl von Angst und Unsicherheit hinterlassen. Wir wollen unserem Hund ein guter Chef werden und uns nicht als cholerischer Schreckensherrscher aufführen. Das Einführen von Taburäumen/-zonen ist einfach eine (von vielen) Möglichkeiten, den eigenen, führenden Status zu unterstreichen. Sie können dieses Mittel einsetzen oder weglassen – ganz nach Ihren Bedürfnissen.

Warten am Futternapf

Eine weitere, sehr leicht zu trainierende Übung unterstreicht ebenfalls Führungskompetenz: Üben Sie immer mal wieder das „Warten". Zum Beispiel zur Fütterungszeit: Stellen Sie den gefüllten Napf auf den Boden und achten gleichzeitig darauf, dass sich der Hund nicht sofort über das Futter hermachen kann. Weisen Sie den Hund in ein klares „Sitz" und während Sie den Napf zu Boden stellen beobachten Sie den Hund genau. Unter Anweisung „Warte" soll der Hund noch einige Momente im „Sitz" verweilen, bevor Sie ihm durch ein motivierendes „Ok" erlauben, das Futter zu fressen. Wie immer ist es wichtig, dass Sie Ihre Regel gewaltfrei einführen und durchsetzen. Ist die „Warte"-Übung für den Hund noch neu, wird er vielleicht aufstehen und eigenständig zum Napf laufen. In diesem Falle nehmen Sie den Futternapf einfach wieder hoch und stellen ihn außer Reichweite des Hundes – vielleicht in einen Taburaum? Nach kurzer Zeit probieren Sie es erneut: „Sitz" und „Warte" und Napf abstellen. Bleibt der Hund auch nur einen winzigen Moment willig sitzen, erfolgt Ihr freudiges „Ok". Bricht der Hund eigenständig die Sitz-Warte-Übung ab und will vorzeitig ans Futter, nehmen Sie den Napf erneut hoch und stellen ihn kommentarlos für einige Momente beiseite. Bald wird Ihr Hund lernen, auf Ihr „Ok" zu warten. Nach ähnlichem Muster können Sie auch den begehrten Ball oder ein Stück Trockenpansen zu Übungszwecken nutzen. Sammeln Sie Pluspunkte auf Ihrem persönlichen Führungskompetenzkonto.

Die „Warte"-Übung, zum Beispiel vor dem gefüllten Futternapf, unterstreicht Ihre Führungsposition und -kompetenz, denn Sie entscheiden, wann es etwas Gutes gibt.

Gewaltfreie Erziehung

Der bewusste Verzicht auf eine körperliche Auseinandersetzung und Zwangsmanipulation des Hundes ist eine von vielen „klaren Entscheidungen" auf Ihrem Weg zum echten „Alpha"-Tier. Bleiben Sie der Entscheidung auch treu, wenn es nicht so gut läuft. Zum echten Team wird man in schweren Zeiten, die man gemeinsam gemeistert hat. Erziehung bildet die Beziehung zwischen Mensch und Hund. Vertrauen und Kommunikation sind die Schlüssel zum Erfolg.

In guten wie in schlechten Zeiten

Manchmal kann ein Hund unser Nervenkostüm durch allerhand pubertäre Anwandlungen ziemlich belasten oder er hat bereits Gelerntes scheinbar völlig „vergessen". Es ist also völlig normal, dass sich unser Hund mal „besser", mal „schlechter" zeigt. Allerdings gibt es für jedes Hundeproblem immer auch eine gewaltfreie Lösung – vielleicht ist man im Moment nur noch nicht darauf gekommen. Gerade das gemeinsame Durchstehen von schwierigen Zeiten stärkt den Zusammenhalt und die Bindung zwischen Mensch und Hund enorm – jedoch nur, wenn Sie Ihrer Entscheidung für eine gewaltfreie Führung und Erziehung treu bleiben.

Hundeerziehung ist, genauso wenig wie Kindererziehung, im Crash-Kurs über wenige Stunden möglich. Solche Versprechungen sind in meinen Augen unseriös.

Erziehung ist immer auch Beziehung. Beziehung ist ein gemeinsamer Prozess, der Freude, aber auch Arbeit macht. Verabschieden Sie sich innerlich von 08/15-Crash-Lösungen. Auch wenn Schnellkurse sehr professionell vermarktet und beworben werden, heißt das nicht, dass solche Methoden dem Tier wirklich gerecht werden. Bleiben Sie skeptisch und schützen Sie Ihren Hund vor allen Maßnahmen, die ihn ängstigen oder ihm Schmerzen zufügen – denn es geht auch anders.

Eindeutige Kommunikation

Beginnen Sie, Ihr Auge zu schulen und Ihre Wahrnehmung zu sensibilisieren. Beobachten Sie den Hund und dessen Verhalten und werden Sie sich Ihrer eigenen Körpersprache bewusst. Setzen Sie Mimik und Gestik ein, um sich dem Hund verständlich zu machen. Weniger Worte und klarere Körperkommunikation erleichtern das Zusammenleben wesentlich.

Stellen Sie Regeln für das Zusammenleben auf und achten Sie auf deren Einhaltung – und zwar immer. Versuchen Sie in die Welt des Hundes einzutauchen, um zu verstehen, welche Dinge für den Vierbeiner wichtig sind und wie er die Welt wahrnimmt. Setzen Sie dies dann gezielt als Belohnung für richtiges Verhalten ein. Möchte Ihr Hund beispielsweise an einem bestimmten Baum schnuppern, dann weisen Sie ihm zuvor ein „Sitz" an – nur wenn er richtig reagiert, darf er dort hin. Belohnen Sie Ihren Vierbeiner vor allem immer wieder, wenn er auf Sie achtet, sich Ihnen hundehöflich zuwendet und andere „gute Ideen" hat. Belohnen Sie anfangs auch minimale Aufmerksamkeits- und Gehorsamsleistungen. Im Laufe der Zeit wird er das sogenannte Ansatzverhalten immer häufiger zeigen und Sie können beginnen, es nach Ihren Wünschen auszubauen und zu formen. Bald wird Ihr Hund auf Sie fixiert sein und zuverlässig gehorchen.

Höflichkeitsformen unter Hunden

Lernen Sie hundliche Höflichkeitsregeln als solche wahrzunehmen und verhalten Sie sich entsprechend. Gerade vom Chef erwarten wir, dass er sich „vorbildlich" benimmt, oder nicht?

Auch im Wolfsrudel und unter Wildhunden besteht eine fortwährende Interaktion der Gruppenmitglieder und starke mentale Präsenz im Miteinander. Das völlige Ignorieren eines anderen ist eine der härtesten Strafen für alle sozialen Lebewesen. Gehen Sie daher im Training umsichtig und sparsam mit dem Element „Ignorieren" um. Verhält sich ein Hund nicht wie erwünscht und Sie entscheiden sich, ihn durch „Ignorieren" zu bestrafen, sollte es nur wenige Sekunden bis maximal einer Minute dauern. In der Kürze liegt die Würze, je länger die Dauer des Ignorierens ist, desto mehr Stress baut sich auf. Und dieser Stress kann zur Ursache für andere unerwünschte Verhaltensweisen werden.

Laden Sie Ihren Hund immer wieder ein, zu Ihnen zu kommen, und belohnen Sie ihn mit einem Leckerchen.

Kleinigkeiten honorieren

Entwickeln Sie ein sensibles Auge für die korrekten Verhaltensweisen des Hundes, auch wenn es nur Kleinigkeiten sind. Viel zu häufig wird die Gelegenheit, den Hund zu belohnen, verschenkt, weil der Mensch die „gute Idee" des Hundes nicht bemerkt hat beziehungsweise als „zu gering" erachtet, um ein Leckerli herauszukramen.

Wenn der Mensch die „gute Idee" zwar sieht und auch belohnen möchte, ist es wichtig, dass die Belohnung sofort erfolgt. Sie haben dazu maximal eine Sekunde Zeit, wenn Bello das Leckerchen mit seinem Verhalten in Verbindung bringen soll.

Ihr Hund soll erkennen, dass Sie ein aufmerksamer Chef sind, der gute Arbeit schätzt und mit einem attraktiven Honorar entlohnt. Die Motivation des Vierbeiners zum Gehorsam steigt. Und nicht nur das, er wird bereitwillig beginnen, von sich aus weitere Arbeitsleistungen anzubieten. Unvergleichlich ist die Freude über einen Hund, der beim Spaziergang immer wieder nach seinem Menschen schaut, gern herankommt, freiwillig und voller Freude „bei Fuß" läuft und sich nach des Menschen „Ok" wieder trollt, um in seiner höchsteigenen Geruchswelt nach den neuesten Nachrichten zu stöbern. Sie können sicher sein, bald wieder einen erwartungsvollen Blick zu bekommen: „Wollen wir nicht gemeinsam etwas herumstöbern gehen?" Das ist echte Bindung und ein schönes Kompliment an Ihre Führungsfähigkeit. Freuen Sie sich über Ihren Vierbeiner und belohnen Sie seine Aufmerksamkeit unbedingt. Vielleicht finden Sie ja gerade jetzt eine Handvoll Leckerlis direkt vor sich? Welche Party für Mensch und Hund – und wie leicht lässt sich ein solcher „Zufall" organisieren.

Nähe kommt von ganz allein

Macht Ihr Hund solche und viele weitere positiven Erfahrungen immer wieder in Ihrer Nähe, dann verringert sich sein Bestreben sich zu entfernen ganz von allein. Sucht Ihr Hund von sich aus auch beim Spaziergang immer wieder Ihre Nähe auf, haben Sie bereits den wichtigsten, ersten Baustein eines zuverlässigen Herankommens auf Ruf erreicht – auf völlig einfache und harmonische Weise. Es kostet Sie nur etwas Aufmerksamkeit und eine Handvoll Futter.

Die erste Zeit ist prägend

Erziehung ist Beziehung

Die Erziehung des vierbeinigen Familienmitgliedes beginnt bereits am ersten Tag. Achten Sie von Anfang an darauf, dass der Hund festgelegte Regeln und Taburäume einhält. Aber auch die Kinder der Familie müssen sich an Regeln halten, dürfen den Hund weder ängstigen noch belästigen. Klare Vorgaben, wie Alltagssituationen künftig gehandhabt werden, sollte die ganze Familie gemeinsam besprechen und miteinander umsetzen.

Der erste Eindruck zählt

Wie schon erwähnt wurde, ist Erziehung gleichbedeutend mit Beziehung. Dies beantwortet auch schon die Frage, wann mit der Erziehung des Hundes begonnen werden sollte. Vom ersten Tage an, nein, bereits in der ersten Minute Ihres Kennenlernens, hat Ihre Beziehung zueinander bereits begonnen. Wie hat Ihr Hund Sie wahrgenommen, was hat er aus den ersten Beziehungserfahrungen über Sie gelernt?

Erziehung ist Beziehung, ob zwischen Mutterhündin und Welpe oder zwischen Mensch und Hund.

Waren Sie so entzückt über das süße Hundebaby, dass Sie vor lauter Begeisterung gar nicht bemerkten, wie Klein-Bello beim Hochnehmen gezüngelt und beim Umarmtwerden gegähnt hat? Hat der Junghund übermütig in Ihre Hosenbeine gezwickt, als Sie den Garten des Züchters betraten? Hat der scheue Tierheim-Hund unser lang anhaltendes, prüfendes Beobachten als bedrohlich empfunden? Wurde die erste Kontaktaufnahme dem Hund aufgedrängt, während er womöglich durch die beengten Verhältnisse keinerlei Ausweichmöglichkeit hatte?

Ein Prozess im Wandel

Wie auch immer das Kennenlernen abgelaufen sein mag, diese ersten Erfahrungen prägen die künftige Mensch-Hund-Beziehung. Ebenso der Verlauf der ersten Stunden und Tage im neuen Heim. Unser aktuelles Verhalten hat steten Einfluss auf die Erziehung. Das gegenseitige Kennenlernen und Finden dauert mehrere Monate. Die Erziehung ist dabei ein Prozess der gemeinsamen Wandlung. Beziehung findet nicht nur zu den festgelegten, „offiziellen" Übungszeiten statt, sondern rund um die Uhr. Wie schon angeführt wurde, ist daher ein gutes Maß an Aufmerksamkeit und mentaler Präsenz im Alltag wichtig. Aber keine Angst vor dieser Aufgabe. Je besser Sie Ihren Hund und sein Verhalten kennenlernen, desto leichter können Sie diese Aufmerksamkeit leisten – quasi neben Kind und Küche – es funktioniert fast schon automatisch.

Vom ersten Tag an prüft der Hund, ob er es mit einem kompetenten Chef zu tun hat. Beziehungsarbeit ist ein fortwährender, flexibler Prozess, der den gegebenen Situationen angepasst werden muss. Bleiben Sie freundlich, konsequent und fair, dann gewinnen Sie auch das Vertrauen Ihres Hundes.

Zeigen Sie Führungskompetenz

Wichtig ist in meinen Augen, sich darüber bewusst zu werden, dass ein Hund, insbesondere ein junger Hund, beständig alle Rollen im Miteinander prüft und sein Verhalten anpasst. Nur so kann er seine eigene Rolle innerhalb der Gruppe definieren, egal ob die Gruppe sich nun Hunderudel oder Menschenfamilie nennt. Das bedeutet nicht, dass jeder Hund immerzu nach der Alpharolle schielt. Willig und gern folgt er einem Chef mit guter Führungskompetenz. Doch diese Kompetenz heißt es zunächst einmal im täglichen Miteinander zu beweisen und zu erarbeiten – woher soll unser Hund wissen, dass wir ein guter Chef sind? Vielleicht haben die ersten Stunden unseres Kennenlernens ihm ein ganz anderes Bild vermittelt?

Souveränität und klare Strukturen

Steht die Adoption Ihres Vierbeiners noch bevor, sollten Sie diese erste, wichtige Zeit bewusst nutzen, um sich als souveräner, freundlicher Chef bekannt zu machen. Ob schon mit oder noch ohne Hund im Haus – treffen Sie eine klare Entscheidung und erlauben Sie sich innerlich, die führende Rolle einzunehmen. Hunde sind keine antiautoritären Demokraten. Sie suchen nach klaren Vorgaben, transparenten Strukturen und freundlich konsequenter Führung. Dies zu vermitteln ist unser Job.

Geben Sie Sicherheit

Je unsicherer ein Lebewesen ist, desto mehr (sicherheitsgebender) Führung bedarf es, damit es sich wohl fühlt. Ohne Führung und klare Vorgaben wird es immer unsicherer werden. Spürt es immer wieder ein Zögern und Unsicherheit seitens des Menschen, schwindet das Vertrauen in dessen Führungsfähigkeiten. Vergessen wir nicht: Nur ein kompetenter Chef führt seine Mannschaft in eine gute Zukunft und sichert die Existenz der gesamten Gruppe. Strahlen Sie daher beim Umgang mit Ihrem Hund betont Ruhe und Gelassenheit aus, weisen Sie klar die Übungen an und fordern die Mitarbeit freundlich, aber beharrlich ein. Bleiben Sie an Ihrem Ziel – ein Aufgeben oder Zögern bei der ersten Schwierigkeit ist Ihrem Hund keine Hilfe. Glauben Sie daran, dass er die gestellte Aufgabe schaffen wird und helfen Sie ihm, so weit nötig.

Setzen Sie Grenzen

Auch selbstbewusste Tiere suchen Führung, wären ohne diese jedoch nicht völlig haltlos. Je selbstbewusster der Hund ist, desto größer wird sein Bewegungsradius ausfallen. Durch gezielte Bindungsarbeit (siehe Beschäftigungsübungen) heißt es, solche Hunde frühzeitig an einen angemessenen Raum von circa zehn Metern um den Menschen herum zu gewöhnen. Bestehen Sie bei jedem Spaziergang erneut darauf und erarbeiten Sie sich immer wieder das Einhalten eines Zehn-Meter-Radius um Sie herum. Sowohl der schüchterne als auch der selbstbewusste Vierbeiner profitiert von diesem ersten Rahmen.

Hunde haben kein schlechtes Gewissen

Das wohl häufigste Missverständnis zwischen Mensch und Hund besteht darin, dass wir Menschen annehmen, der Hund wüsste, worüber wir uns ärgern und welches Verhalten wir uns von ihm wünschen. Doch für Vierbeiner ist die menschliche Gedankenwelt völlig fremd. Bellos Lebensziele kollidieren häufig mit unseren menschlichen Vorstellungen. Sein Verhalten wird gesteuert durch Instinkt und Lebenserfahrung – bestrafen Sie ihn nicht dafür.

Interessenskonflikte

Warum sollte er sich von dem toll riechenden Baum trennen und zum (langweiligen?) Menschen gehen? Warum darf man nicht die wunderbar weiche Blumenerde durchwühlen, um sich anschließend genüsslich auf der Couch ausstrecken? Warum sollte „Hund" sich gerade dann hinsetzen und Herrchen anschauen, wenn auf der anderen Straßenseite ein Hundekamerad vorbeigeht?

Hunde wollen schnuppern, graben, rennen und andere Hunde kennenlernen. Dass sein Besitzer nicht unbegrenzt Zeit hat und vielleicht schon der nächste Termin in Kürze ansteht, bleibt außerhalb der hundlichen Gedankenwelt. Hunde haben eben keinen Terminkalender und am Boden gibt es jede Menge spannende, „neueste Nachrichten" zu lesen. Bello kann nicht verstehen, dass ein Blumenbeet unversehrt bleiben sollte, weil der Mensch sich an der Blütenpracht erfreuen möchte (in seinen Augen macht es doch viel mehr Spaß, die Blüten abzuknabbern und die weiche Erde unter den Pfoten mal so richtig durch die Luft wirbeln zu lassen– welch Vergnügen), die Couch durch lehmige Pfotenabdrücke nicht unbedingt schöner aussieht (wen stören schon die paar Flecke, hier liegt es sich doch so prima – wie kuschlig) und dass fremde Hunde durchaus nicht immer friedlich sind (aber ich muss doch schauen, wer da kommt – kann mein Mensch das denn nicht verstehen?).

Beruhig Dich doch

Hunde leben nur im Hier und Jetzt, haben nicht immer einen ausreichenden Sinn für die Gefahren unseres Straßenverkehrs, die Regeln des Wald- und Forstgesetzes und zudem ganz eigene Vorstellungen von Hygiene, Gartenbau und dem Leben im Allgemeinen. Daher stößt es bei unseren Hunden auf völliges Unverständnis, wenn Menschen sie bestrafen oder ausschimpfen, weil sie ihr natürliches Verhalten zeigen. Durch allerhand Kommunikationssignale versucht er dann, seinen Menschen baldmöglichst wieder zu beruhigen. Konflikte im Rudel gefährden die Sicherheit der gesamten Gruppe, daher verfügen Hunde über einen so feinen Sinn für Spannungen und reagieren mit einem ausgeprägten Repertoire an Deeskalations- und Ausweichgesten.

Denn sie wissen nicht, was sie tun

Mensch fühlt sich jedoch gerade dadurch provoziert und interpretiert Bellos Bemühungen als „schlechtes Gewissen". „Der weiß genau, was er angestellt hat!" heißt es nur allzu häufig. Nein, das weiß er eben nicht und wird deswegen bei nächster Gelegenheit wieder schnuppern, graben, auf der Couch liegen oder weglaufen – denn für ihn war das völlig in Ordnung so.

Mensch regt sich wieder auf, Hund beschwichtigt wieder und so weiter – bemerken Sie die negative Spirale aus Unverständnis-Gewalt-Verzweiflung, die gerade zu entstehen droht?

Durch Instinkte gesteuert

Wenn unsere Erziehung beginnt, sollten wir uns deutlich vor Augen führen: Ein Hund verhält sich zunächst einmal so, wie es ihm angeborene Instinkte vorgeben. Er macht nichts „absichtlich" falsch und will uns niemals „ärgern". Das Verhalten des Hundes wird durch seine Genetik und seine bisherigen Lebenserfahrungen gesteuert. Gehen Sie immer davon aus, dass Ihr Hund es gern „richtig" machen möchte, jedoch viele unserer menschlichen Wünsche und Gedanken nicht nachvollziehen kann. Bestrafen Sie einen Hund nicht dafür, dass er sich wie ein Hund verhält! Erarbeiten Sie mit ihm gezielt „Benimm"-Regeln, die das Zusammenleben von Mensch und Hund für alle angenehm machen – Schritt für Schritt.

Regeln festlegen

Hunde können sich den unterschiedlichsten Lebensumständen anpassen. Daher können Außenstehende nur begrenzte Vorgaben machen, welche Regeln Sie für Ihren Hund aufstellen müssen. Überlegen Sie im Kreise der Familie, am besten mit einer Tasse Tee und in aller Ruhe, welche Verhaltensweisen Ihres Hundes nicht toleriert und daher umgelenkt werden müssen. Was darf der Hund – was soll er keinesfalls tun? Besprechen Sie typische Erziehungsfallen wie offene Türen bei einem Taburaum, Essbares in Reichweite des Hundes abgelegt, achtlos herumliegende Kleidung, Schuhe oder Spielzeug, die den Hund dazu animieren können vom Tisch zu stibitzen oder Objekte zu zernagen. Legen Sie die Spielregeln für Haus, Garten und Spaziergang fest.

Die Regeln gelten für alle

Alle Familienmitglieder müssen den Sinn jeder Regel kennen und verstehen, jeder muss mithelfen, aus Bello ein tolles Familienmitglied zu formen. Die ganze Familie sollte in punkto Hundeerziehung an einem Strang ziehen – am Besten in dieselbe Richtung. Nur wenn es für alle persönlich stimmig ist und eine Regel als hilfreich und wichtig für das Zusammenleben mit dem Hund erachtet wird, wird jedermann die Einhaltung der Regel auch konsequent überwachen. Bevor Sie eine Regel nur halbherzig aufstellen, lassen Sie diese lieber ganz weg. Gehen Sie planvoll und durchdacht vor. Formulieren Sie das genaue Ziel, weisen Sie alle Familienmitglieder und externe Hundesitter entsprechend ein und achten Sie auf die Einhaltung aller Vorgaben – immer. Auf den nächsten Seiten finden Sie einige Anregungen. Ergänzen, streichen oder ändern Sie diese Punkte frei nach Ihren individuellen Bedürfnissen. Ein Single-Haushalt kann manche Regelung für den Haushund anders einführen als eine Großfamilie, ein Senioren-Haushalt oder eines sportbegeisterten, berufstätigen Erwachsenen.

Sich genüsslich wälzen, welche Wohltat! Hunde haben andere Vorstellungen von Hygiene und vom Leben im Allgemeinen.

Die Stubenreinheit

Es liegt in der Natur des Hundes, seinen Schlaf- und Lebensraum frei von Urin und Kot zu halten. Ein erfahrener Züchter wird seinen Wurf frühzeitig dazu anregen, die Liegekiste sauber zu halten. Zu Hause sind Sie dafür verantwortlich. Lassen Sie es nach Möglichkeit erst gar nicht zu einem Malheur kommen, denn Vorbeugen ist besser als Schimpfen. Daher sollte Bello anfangs alle zwei Stunden hinausgeführt werden.

Stubenrein von Anfang an

Leider gibt es immer noch Züchter, die kaum auf eine vorbereitende Sauberkeitserziehung achten. Durch eintönige Wurfzimmergestaltung und ohne Möglichkeit, bei Bedarf nach draußen zu gelangen, sind die Welpen gezwungen, völlig entgegen ihrer Natur, ihre „Höhle" zu verschmutzen. Ist es für den jungen Hund erst einmal zur Gewohnheit geworden, sein Geschäftchen innerhalb des Wohnraumes zu verrichten, wird es schwerer, diesen Vierbeiner zu einer zuverlässigen Stubenreinheit umzuerziehen.

Ankunft im neuen Zuhause

Kommen Sie mit Ihrem Hund erstmals am neuen Heim an, dann führen Sie ihn so lange draußen Gassi, bis er sich gelöst – am besten Urin und Kot abgesetzt hat. Erst jetzt betreten Sie die Wohnräume. Zunächst braucht der Hund Zeit und Ruhe, sein neues Zuhause kennenzulernen. Viel Trubel und Besuch im Hause wären in dieser Phase eher störend. Nachdem Bello alles beschnuppert hat und weiß, wo sein Trinkwasser ist und wo ein gemütliches Liegekörbchen für ihn bereitsteht, wird er schlafen. Bleiben Sie in seiner Nähe und behalten Sie ihn im Auge. Sobald er sein erstes Nickerchen beendet, die Augen öffnet und sich zu bewegen beginnt, sprechen Sie ihn freundlich an und

führen ihn direkt nach draußen zu seiner „Toilette". Ist der Welpe noch sehr jung, dann können Sie ihn auch kurz auf den Arm nehmen und zügig an die Stelle tragen, an der er sich lösen soll. Vorbeugen ist besser als Schimpfen!

Alle zwei Stunden nach draußen

Auch jetzt gilt, wie in den nächsten Wochen auch, dass grundsätzlich erst ins Haus zurückgekehrt wird, wenn der Hund sein Geschäftchen verrichtet hat. Üben Sie sich in Geduld und bleiben Sie konsequent – auch wenn es regnet oder stürmt: ohne Pipi keine Rückkehr in die warme Wohnstube.

Bevor er sein Geschäft erledigen kann, muss er zunächst in aller Ruhe den passenden Ort finden.

Ungefähr alle zwei Stunden zwischen fünf und 23 Uhr sowie stets nach dem Aufwachen und nach der Fütterung ist eine kleine Gassirunde angesagt. Die Rückkehr ist erst nach Erledigung des Geschäftchens angesagt. Beim Hund reicht der innere Reiz „Blase beziehungsweise Darm voll" alleine nicht aus, um sich zu erleichtern. Er braucht zusätzlich noch einen äußeren Reiz wie den Geruch nach Urin oder Kot und muss daher Gelegenheit haben, ausführlich zu schnuppern.

Bitte nicht stören

Wird der Hund angeleint Gassi geführt, muss deshalb auf eine genügend lange Leine geachtet werden, die dem Hund einen entsprechenden Spielraum gibt. Kauert er sich hin, stören Sie ihn möglichst nicht durch eine gestraffte Leine, überschwängliche Lobeshymnen oder Streicheleinheiten. Warten Sie und wenden Sie Ihren Blick eher ab. Sensible Hunde fühlen sich schnell gestört, wenn Sie unter starrer Beobachtung stehen und kein Hund dieser Welt schätzt es, während des Pinkelns getätschelt zu werden. Warten Sie ruhig und gelassen ab, bis alles erledigt ist und loben Sie ihn erst dann mit einigen freundlichen Worten. Von übermäßigem Enthusiasmus über die Erledigung eines Geschäftchens rate ich eher ab. So mancher Hund verkneift sich sein Bedürfnis künftig in Anwesenheit des Menschen, wenn dieser ihn dafür mit zwar durchaus wohlmeinendem, aber einfach viel zu übertriebenem Gehabe „überfällt".

Noch ein paar Schritte

Nach dem Geschäftchen sollten Sie noch einige Minuten spazieren gehen, denn er soll nicht lernen, dass das Gassi-Vergnügen sofort endet, sobald er sich gelöst hat. Sonst könnte das zum Grund werden, warum sich der Hund sein Bedürfnis möglichst lange verkneift. Haben Sie jedoch den Eindruck, dass er unbedingt wieder zurück möchte, vielleicht weil es draußen kalt und stürmisch ist, können Sie natürlich sofort den Heimweg antreten, quasi als Belohnung. Hat der Vierbeiner dies begriffen, werden die lästigen Wartezeiten immer kürzer – versprochen. Abends ab 19 Uhr kann in schweren Fällen nächtlicher Unsauberkeit das Trinkwasser entfernt werden. Dann sollte die Blase nach der letzten Gassirunde um 23 Uhr geleert sein. Selbstverständlich wird am nächsten Morgen der Wassernapf frühzeitig wieder aufgefüllt.

„Bitte nicht stören!" Schauen Sie diskret beiseite. Erst nachdem er aufgestanden ist, sind lobende Worte angebracht.

Kommentarlos wegwischen

Wenn Sie nach diesem System vorgehen und konsequent mit dem Hund draußen bleiben, bis er sich gelöst hat, dann dürfte kaum noch ein Malheur innerhalb der Wohnung passieren.

Falls doch, war man nicht aufmerksam genug. Künftig sollte man den Hund besser beaufsichtigen. Vielleicht liegt auch eine Blasenschwäche oder Harnwegsinfektion vor, die dem Tierarzt gezeigt werden sollte? Vielleicht hatte sich der Hund auch gemeldet, zur Türe gedrängt und wir haben diese Botschaft nicht verstanden? Es gibt diverse Gründe für ein hundliches Malheur – absichtlich jedoch oder gar, um uns zu provozieren, macht kein Hund ins Haus. Tadeln oder bestrafen Sie ihn daher niemals für ein Pfützchen oder Häufchen im Haus. Reinigen Sie die Stelle kommentarlos, am besten unter Verwendung eines stark parfümierten Reinigungsmittels.

Gassi-Turnus

Erst wenn der Hund gut mit dem jeweiligen Gassi-Rhythmus zurechtkommt, zwischen den Ausgängen stubenrein ist und sich draußen recht bald löst, kann der Gassi-Turnus verlängert werden. Zögern Sie den Spaziergang beispielsweise um jeweils eine halbe Stunde hinaus. Anstatt alle zwei Stunden werden dann alle zweieinhalb Stunden Toilettengänge durchgeführt, nach einiger Zeit dann alle drei Stunden und so weiter.

Taburäume und -zonen

Hunde haben kein Problem damit, wenn bestimmte Orte für sie tabu sind. Damit er die Tabuzonen zuverlässig einzuhalten lernt, ist es über die ersten Monate hinweg extrem wichtig, dass der Vierbeiner wirklich niemals die Möglichkeit hat, auch nur eine Pfote in den Taburaum hineinzusetzen beziehungsweise auf die Tabuzone aufzulegen. Sorgen Sie vor und halten Tabu-Türen grundsätzlich verschlossen, wenn Bello nicht beaufsichtigt wird.

Keinen Schritt weiter

Schließen sie grundsätzlich die Tür des Taburaumes hinter sich oder sichern Sie die Tür mit einem stabilen Kindergitter ab. Achten Sie darauf, dass alle – auch die Kinder der Familie – Tür beziehungsweise Gitter immer geschlossen halten. Möchten Sie kein Türgitter anbringen, müssen Sie während der ersten Monate den Hund stets im Auge behalten und sofort stoppen, falls er gerade im Begriff ist, die Türschwelle zu übertreten. Ein Hinausschicken, nachdem Bello den Raum bereits betreten hat, ist nur die zweitbeste Lösung mit eher zweifelhaften Erfolgsaussichten. Erlebt Ihr Vierbeiner immer wieder, dass sein Bestreben diesen Raum zu betreten konsequent umgelenkt wird, akzeptiert er es bald und bleibt draußen.

Überlegen Sie sich möglichst schon vor Bellos Einzug, welcher Raum verboten sein soll.

 ## Immer verboten

Unfair wäre es, den Hund ab und zu einmal in den Taburaum zu lassen und ihn am nächsten Tage empört zurechtzuweisen, wenn er ihn wieder betreten möchte. Das kann kein Vierbeiner verstehen, entweder man darf immer oder man darf nie.

Bett, Sofa und Co.

Dasselbe gilt für Bereiche wie Bett, Sofa oder Fernsehsessel. Es wird manchmal behauptet, dass man einem Hund auf keinen Fall erlauben sollte, auf erhöhten Plätzen zu liegen, da sonst die Bereitschaft des Hundes zu gehorchen leidet. Hier sehe ich jedoch keinerlei Zusammenhang. Ob Sie Bello erlauben, auf Möbeln zu liegen, hängt einzig und allein von Ihrer Empfindung ab. Genießen Sie (beide) das enge Miteinander und den Körperkontakt beim Kuscheln auf dem Sofa, Bett oder Sessel und Sie stören sich nicht an den Hundehaaren, dann lassen Sie Ihren Hund getrost aufs Sofa. Sie können sich auch auf ein bestimmtes Sofa oder einen bestimmten Sessel festlegen, auf dem der Vierbeiner liegen darf und die anderen Möbelstücke zur Tabuzone erklären. So finden Sie einen individuellen Kompromiss zwischen dem Kuschelwunsch einerseits und der Sauberkeit der anderen Möbelstücke andererseits. Treffen Sie eine Entscheidung.

Mögen Sie es gar nicht, wenn Bello Ihnen auf der Couch Gesellschaft leistet beziehungsweise das Bett mit Ihnen teilen würde, oder graust es Ihnen vor Hundehaaren auf Möbelstücken, dann erklären Sie solche Bereiche zur Tabuzone. Sie brauchen deswegen kein schlechtes Gewissen zu haben. Hunde sind sehr anpassungsfähige Lebewesen. Wichtig ist, wie so oft im Hundehalterleben, eine klare Entscheidung zu treffen und diese anschließend konsequent einzuhalten.

Ab in den Korb

Sie können die Wohnung auch zur zeitweiligen Tabuzone erklären, beispielsweise während der Essenszeiten. Gewöhnen Sie dem Hund an, dass er während der Mahlzeiten in seinem Korb liegen soll. Immer wieder hört man den Ratschlag, den Hund keinesfalls vom Tisch zu füttern, da er sonst betteln würde. In Wirklichkeit ist es aber so, dass es fast unmöglich ist, ganz zu verhindern, dass etwas vom Tisch „abfällt". Wenn kleine Kinder beim Essen dabei sind, fällt (absichtlich oder unabsichtlich) meist etwas zu Boden. Kommt die Erbtante zu Besuch, kann sie Bellos treuherzigem Blick kaum widerstehen und steckt ihm doch (mehr oder weniger heimlich) etwas zu. „Der Arme hat doch sicherlich Hunger, so wie er mich anschaut...". In solchen Fällen sind all Ihre Erklärungen und Ermahnungen für die Katz. Sie brauchen sich jedoch nicht über die Uneinsichtigkeit der Familienmitglieder oder des Besuches zu ärgern.

Essen vom Tisch

Ein sehr bewährtes Mittel, Hundenasen vom Tisch fernzuhalten, ist das Füttern vom Tisch – ja, Sie lesen richtig. Stellen Sie ein Körbchen in der Nähe des Esstisches auf. Dort bekommt der Hund immer wieder eine Leckerei zugesteckt, wenn er brav in seinem Körbchen liegt, während die Familie ihre Mahlzeit einnimmt. Entweder Sie stellen sich ein kleines Schälchen mit Hundeleckerchen auf den Tisch oder Sie verwenden klein geschnittene, hundetaugliche Lebensmittel wie abgekühlte Nudeln, Brot, Wurst und Ähnliches von Ihrer Mahlzeit.

Hundetaugliche Speisen

Apropos: Wenn Ihr Vierbeiner nicht gerade unter Allergien oder Magen-Darm-Krankheiten leidet, dürfen Sie ihm durchaus auch Essensreste verfüttern. Es schadet einem gesunden Hund nicht, kleine Mengen Gemüse, Soße, gekochtes Fleisch, Reis, Obst oder andere Lebensmittel zu sich zu nehmen. Lediglich auf scharf gewürzte und stark gezuckerte Speisen sollten Sie verzichten. Rohe Kartoffeln, Schokolade, gespritzte Weintrauben und Rosinen sowie Zwiebeln und Knoblauch gehören nicht auf seinen Speiseplan, da sie ungesund sind. Alles andere dürfen Sie getrost als Ergänzung beziehungsweise als Belohnungsleckerchen verwenden.

Ismo weiß genau: Nur wenn er brav im Korb wartet und nicht am Tisch bettelt ...

... fällt auch für ihn ein Leckerbissen ab. Ja, Sie dürfen Ihren Hund ruhig vom Tisch aus füttern!

Ich würde Ihnen sogar dazu raten, es zu tun. Ist der Magen-Darm-Trakt des Hundes eine vielseitige Ernährung gewohnt, dann wirft eine zufällige Aufnahme von weggeworfenen Speisen seine Verdauung meist nicht allzu sehr aus der Bahn. Es lässt sich erfahrungsgemäß nicht immer vermeiden, dass ein Hund auch ab und zu Unrat unbemerkt frisst. Ist er dann nur Schonkost gewohnt, können alte Pommes frites oder ein Sandwich-Rest aus dem Gebüsch seine Verdauung ziemlich beuteln, Durchfall ist die häufige Folge.

Die Fütterung

Wie häufig ein Hund gefüttert wird, hängt von seinem Alter sowie Gesundheitszustand ab. Im Welpenalter erhält der Hund zunächst vier Mahlzeiten, die nach einigen Wochen auf drei Mahlzeiten reduziert werden. Ab einem Alter von circa fünf bis sechs Monaten kann dann auf zweimalige Fütterung umgestellt werden. Der erwachsene Hund, also ab circa einem Jahr, wird noch ein- bis zweimal pro Tag gefüttert.

Selbst zubereitetes Futter

Es gibt unterschiedliche Ernährungsmöglichkeiten für Hunde. Selbst zubereitetes Futter hat den Vorteil, dass Sie genau wissen, was im Hundefutter enthalten ist und Einfluss auf die Qualität nehmen können. Es setzt sich aus Getreideflocken, diversen Gemüsezugaben und (rohem oder gekochtem) Frischfleisch zusammen. Bei einem allergieanfälligen Hund kann das auslösende Nahrungsmittel gezielt vermieden werden. Die Verwendung von Bio-Produkten und Fleisch aus artgerechter Viehhaltung machen das selbst zubereitete Futter besonders wertvoll. Im Trend liegt seit einigen Jahren auch die Rohfütterung von Hunden. Hierbei wird ausschließlich naturbelassenes, rohes Fleisch und püriertes Gemüse verwendet. Wenn Sie Ihr Hundefutter selbst zubereiten möchten, dann informieren Sie sich unbedingt ausführlich durch entsprechende Fachliteratur, Ernährungsexperten oder Ihren Tierarzt über die richtige Zusammensetzung. Die Nahrungsstoffe müssen ausgewogen sein, im richtigen Verhältnis zueinander stehen und dürfen den Hund auf Dauer weder über- noch unterernähren. Als kleinen Nachteil dieser Ernährungsform sehe ich den höheren zeitlichen und organisatorischen Aufwand an.

Ist dies für Sie kein Problem, dann bietet insbesondere die Rohfütterung, auch BARF genannt eine besonders naturnahe Ernährungsform für Hunde.

Fertigfutter

Die häufigste Ernährungsform ist sicherlich die Verwendung von Fertigfutter. Dieses kann als Dosenfutter, sogenanntes Feuchtfutter, oder als Trockenfutter in Form von Kroketten oder Kroketten-Flocken-Mischungen erworben werden. Lassen Sie sich bei der Auswahl nicht von aufwendigen Verpackungen oder großen Werbekampagnen täuschen, schauen Sie auf das Kleingedruckte. Ein gutes Futter verzichtet auf künstliche Lock-, Farb- oder Geschmacksstoffe. Auch ein höherer Preis muss nicht automatisch heißen, dass Sie es mit einem besonders hochwertigen Futter zu tun haben. Bleiben Sie kritisch und vergleichen Sie die Deklarationen der unterschiedlichen Hersteller und Futtersorten. Es gibt mittlerweile sogar Futtermittelhersteller, die bewusst kein Fleisch aus Massentierhaltung verwenden – fragen Sie danach.

Trockenfutter einweichen

Am einfachsten gestaltet sich die Fütterung, wenn die entsprechende Menge an Trockenfutter mit heißem Wasser aufgegossen wird und nach circa 10 Minuten aufgequollen und leicht warm verfüttert wird.

Erhält der Hund die Futterkroketten trocken, verschätzt er sich leicht im Volumen, das sich erst nach der Wasseraufnahme im Magen bildet. Daher empfehle ich das Einweichen des Trockenfutters.

Die als Argument häufig gebrauchte zahnreinigende Wirkung der Trockenkroketten kann durch die Gabe von Kauartikeln ersetzt werden. Als Nachteil von Fertigfutter empfinde ich die schwer erkennbare Qualität der Inhaltsstoffe.

Feste Fütterungszeiten

Für welche Ernährungsform auch immer Sie sich entschließen, legen Sie die Fütterungszeiten fest und nehmen Sie den Napf konsequent nach circa zehn Minuten wieder weg. Das Futter darf dem Hund nicht den ganzen Tag zur freien Verfügung stehen, sonst erziehen Sie sich leicht einen Futtermäkler, der hier und da ein wenig frisst und dann seinen Napf lustlos stehen lässt. Von Natur aus frisst ein Hund schnell und gierig und genau auf dieses Verhalten bauen wir auch unsere Erziehungsmaßnahmen auf. Fördern Sie daher sein Futterbegehren. Frisches, sauberes Trinkwasser soll ganztägig zur Verfügung stehen.

Der richtige Platz

Überlegen Sie sich auch, wo der Hund fressen soll. Häufig fällt auch mal Futter neben den Napf oder ein Hund trieft nach dem Trinken aus dem Maul beziehungsweise Barthaar. Daher sollte der Fress- und Trinkbereich nicht gerade auf dem teuren Perserteppich sein. Ein glatter Boden kann leicht sauber gehalten werden und bietet sich daher als Futterplatz an. Einigen Sie sich innerhalb der Familie, an welchem Ort der Wohnung der Hund sein Fressen bekommen soll und wo sein Wassernapf steht. Alle Familienmitglieder sollten darauf achten, dass dem Hund stets frisches Wasser zur Verfügung steht.

Fütterungsrituale

Wie das Fütterungsritual abläuft, sollte ebenfalls einheitlich geregelt sein. Den Napf „einfach so" abzustellen, sollte die Ausnahme bleiben wenn der Hund beispielsweise krank oder gebrechlich ist. Beim gesunden, „normalen" Hund nutzen Sie die Fütterung auf jeden Fall, um täglich weitere Pluspunkte auf Ihrem Führungskompetenz-Konto zu erwerben. Erinnern Sie sich an das bereits besprochene Prinzip der Natur „Nahrung für Arbeit"? Lassen Sie Ihren Hund doch eine kleine Übung erfüllen, ein Kommando ausführen oder zumindest die „Warte"-Übung zeigen. Erst nach Ihrer Freigabe, als Belohnung für seinen Gehorsam, erhält er sein Futter. Ob Sie den Hund vor oder während Ihrer eigenen Mahlzeit oder erst anschließend füttern, hängt wiederum von Ihrem Tagesablauf ab und hat keine Auswirkungen auf Bellos Gehorsamsbereitschaft. Echte Führungskompetenz orientiert sich an wichtigeren Dingen. Richten Sie die Fütterungszeiten daher so ein, wie es für Sie am leichtesten zu organisieren ist. Bedenken Sie dabei, dass sich ein leicht hungriger Hund viel leichter erziehen lässt als ein vollgefressenes Exemplar. In schwierigen Erziehungsphasen kann der Hauptanteil des Futters übergangsweise während der Spaziergänge gemeinsam erarbeitet werden. Das Futter dient sozusagen als Lohn.

Hunde fressen schnell und gierig. Wenn der Napf nicht innerhalb von 10 Minuten leer ist, wird er weggestellt.

Die Körperpflege

Die Körperpflege des Hundes richtet sich sehr nach seinem Gesundheitszustand und der Beschaffenheit seines Fells. Fragen Sie im Zweifel Ihren Tierarzt, den Züchter oder einen erfahrenen Hundefriseur. Da es während der Körper- und Fellpflege immer wieder heikle Situationen geben kann, sollte diese ausschließlich von erwachsenen Personen durchgeführt werden. In der Regel benötigen Sie keine chemischen Zusätze – Hunde wollen nicht nach Rosen duften.

Bürsten als Ritual

Gehen Sie dabei in kleinen Lernschritten vor, üben Sie immer nur kurz und belohnen es reichlich, wenn der Hund Ihre Berührungen duldet. Sehen Sie die Körperpflege als Gehorsamsübung an. Ruhig und freundlich wiederholen Sie täglich ein kleines „Berühr- und Bürstenprogramm", das bald zu einem netten Ritual für Sie und Ihren Hund wird. Mag er es gar nicht, reicht es anfangs aus, sich täglich nur einem Körperteil zu widmen. So haben Sie nach einigen Tagen auch den ganzen Hund gepflegt, ohne sich oder den Vierbeiner zu überfordern.

Jedes Haarkleid hat seine Ansprüche

Die Pflege des Fells erfordert bei den unterschiedlichen Rassen verschiedene Vorgehensweisen. Klären Sie diese am besten bei Haltern Ihrer Rasse oder einem kompetenten Hundefriseur ab.

Baden, aber bitte ohne Shampoo

Vom regelmäßigen Baden mit (Hunde-)Shampoo rate ich ab. Der rückfettende und selbst regulierende Schutzmechanismus von Haut und Haarkleid kann schnell durcheinander gebracht werden, wenn man den Hund mit schäumenden Reinigungszusätzen wäscht.

Vom Hundefriseur wird der Hund in der Regel gebadet, damit Staub und Sand im Fell des Hundes die Scheren oder Schneidmaschinen nicht beschädigen. Sind Sie auf einen Hundefriseur angewiesen, könnten Sie zumindest versuchen diesen zu einem Bad ohne Shampoozusätze anzuregen. Auch dadurch werden Staub und Sand ausgespült. Hat er gar kein Einsehen, dann legen Sie auf jeden Fall Wert auf ein hochwertiges, unparfümiertes, rückfettendes Hundeshampoo und muten Ihrem Hund diese Wäsche möglichst selten zu.

Ist der Hund durch Sand, Erde, Lehm oder Schmutzwasser verunreinigt, spülen Sie den Schmutz einfach mit viel handwarmem, reinem Wasser ab und frottieren den Hund trocken. Lediglich wenn sich Bello in stinkendem Aas oder anderen unappetitlichen Dingen gewälzt haben sollte, wird tatsächlich ein Shampoo (an der betroffenen Körperstelle) notwendig.

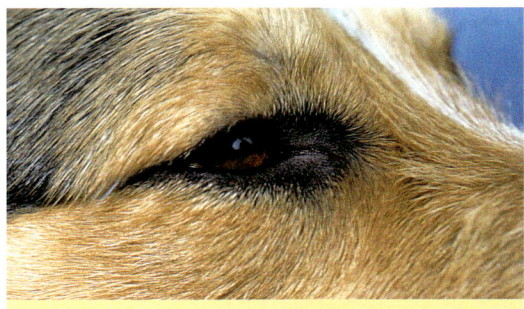

Manche Hunde neigen zu verstärktem Tränenfluss. Wischen Sie die inneren Augenwinkel mit einem feuchten Papiertuch aus.

Augenwinkel reinigen

Neigt Ihr Hund zu Tränenspuren in den Augenwinkeln, können Sie diese durch ein nicht fusselndes, angefeuchtetes Papiertuch reinigen. Verwenden Sie für jedes Auge einen eigenen Tuchzipfel, damit die Keime nicht vom kranken auf das gesunde Auge übertragen werden.

Saubere Ohren

Ebenso empfiehlt sich für die Reinigung der äußeren Ohrmuschel ein Einmaltuch aus Küchenpapier. Von Natur aus ist ein Hundeohr selbstreinigend und man braucht dieses in der Regel nicht manuell zu säubern. Stört Sie Schmutz in der äußeren Ohrmuschel des Hundes, dann können Sie diesen mittels eines ölgetränkten Papiertuches, das Sie um Ihren Zeigefinger wickeln, auswischen. Bohren Sie jedoch niemals in den Gehörgang des Hundes hinein.

Spezialreinigung für Hängeohren

Manche Rassen erfordern wegen besonders schwerer Hängeohren oder wegen des Fellwuchses im Ohr eine spezielle Reinigung. Lassen Sie sich in diesem Fall von erfahrenen Züchtern dieser Rasse beziehungsweise einem Tierarzt beraten. Liegt eine Ohrenerkrankung vor, muss auf jeden Fall ein Tierarzt die Reinigung und Behandlung vornehmen. Beim Tierarzt erhältliche Reinigungsflüssigkeiten werden in das Ohr geträufelt, dort einmassiert und vom Hund durch spontanes Kopfschütteln samt Schmutz wieder nach außen geschleudert. Notwendige Nachbehandlungen können dann, nach Rücksprache mit dem Arzt, eventuell eigenständig vorgenommen werden. Beobachten Sie Ihren Hund. Häufiges Kratzen oder Schütteln der Ohren, ein Schiefhalten des Kopfes oder verstärkte Berührungsempfindlichkeiten im Bereich des Kopfes sollte Anlass für einen Tierarztbesuch geben.

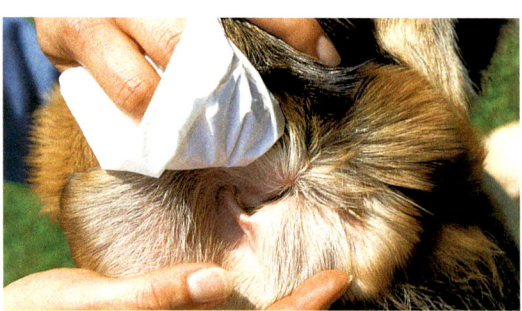

Nur die äußere Ohrmuschel wird von Zeit zu Zeit gereinigt. Bohren Sie niemals im Gehörgang herum.

Zähne putzen

Das Gebiss des Hundes reinigt sich durch das Kauen und Nagen an naturbelassenen Kauartikeln wie Ochsenziemer, Schweineohren oder Büffelhautknochen von selbst. Auch gibt es spezielle Zahnreinigungsspielzeuge, die durch ihre geriffelte Oberfläche die Zähne des Hundes während des Spiels quasi ganz „nebenbei" säubern. Sollte der Hund sowieso narkotisiert werden müssen, kann der Tierarzt zu dieser Gelegenheit gleich eine manuelle Zahnsteinentfernung vornehmen.

Krallen kürzen

Neigt ein Hund zu verstärktem Krallenwachstum, sollten Sie ihn häufiger über asphaltierte Wege laufen lassen. Dort schleifen sich die Krallen in der Regel von alleine ab. Kontrollieren Sie ab und zu auch die Zehenzwischenräume und die Ballen.

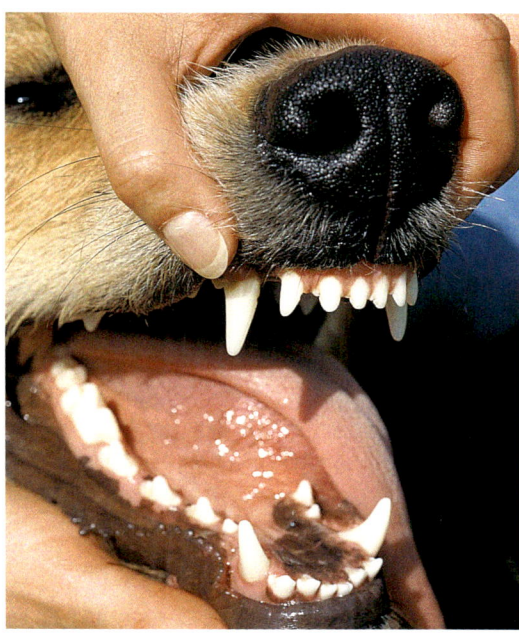

Es gibt auch Zahnbürsten für Hunde. Aber ein sauberes Gebiss erreichen Sie viel natürlicher durch Kauartikel.

Po sauber?

Werfen Sie hin und wieder einen prüfenden Blick auf die äußeren Geschlechtsorgane und den Anus: Gibt es irgendwelche Veränderungen? In der Regel halten sich Hunde eigenständig sauber. Bei Durchfall kann das Fell in Ponähe verklebt sein und muss gesäubert werden. Rutscht der Hund immer wieder mit dem Hinterteil über den Boden, das sogenannte „Schlittenfahren", sollte ein Tierarzt die Analdrüsen kontrollieren und gegebenenfalls behandeln.

Spielen erlaubt?

Wilde Ballspiele quer durch das Wohnzimmer sind nicht jedermanns Sache und das Mobiliar leidet unter allzu heftigem Spieleifer. Daher sollte der Haushund angehalten werden, sich innerhalb der Wohnräume angemessen zu verhalten. Bedenken Sie auch die Nebenwirkungen von manchen Spielen. Wurf- und Zerrspiele können Stress auslösen und unerwünschtes Jagdverhalten fördern. Futtersuchspiele entspannen und beschäftigen auf positive Weise.

Nicht jedes Spiel ist fürs Wohnzimmer

Glatte Fußböden sind wegen der Rutschgefahr für Sehnen, Muskeln und Gelenke des Hundes heikel. Einzeln ausliegende Teppiche können zur Stolperfalle für die Zweibeiner werden, wenn sie im Spielfieber verrutschen oder umgeschlagen werden. Zerbrechliche Gegenstände wie Bodenvasen oder das Geschirr auf dem Couchtisch sind bruchgefährdet, wenn Bello freudestrahlend mit der Rute wedelnd einmal kurz querfegt.

Ruhige Futtersuchspiele, diverse Kauartikel oder im Handel erhältliche beziehungsweise selbst gebastelte Denksportspiele sind sinnvolle Beschäftigungsmöglichkeiten auch für das Haus. Alles andere sollte in den Garten beziehungsweise auf den Spaziergang verlegt werden.

Balancierübungen schulen Körper und Geist des Hundes. Ermuntern Sie Ihren Vierbeiner, seine Fähigkeiten auszuprobieren.

Futtersuchspiele

Alle Arten von Futtersuchspielen wirken sich sehr positiv auf den Hund aus. Er muss sich geistig anstrengen, das Schnuppern erfordert Konzentration und Ausdauer und die Bewegung mit gesenktem Kopf führt zu Ruhe und Entspannung. Das Erschnuppern von Spielzeugen kann ähnlich positiv sein, allerdings nur dann, wenn der Hund das gefundene Spielzeug auch willig abliefert. Das Eintauschen eines Spielzeuges, zum Beispiel gegen Futter oder ein anderes Spielzeug, ist daher unbedingte Voraussetzung für alle Arten von Objektspielen. Gehirnjogging, also das Lösen von Aufgaben („Wie bekomme ich den Deckel von der Schachtel?") sind ebenfalls ein wichtiger Bestandteil einer guten Mensch-Hund-Beziehung.

Beute- und Zerrspiele

Nicht empfehlenswert sind alle Arten von Beute- und Zerrspielen. Dazu gehören das wiederholte Werfen von Bällen oder Frisbee-Scheiben und das Hin- und Herzerren an einem Spielzeug, einem Seil oder Lappen, zwischen Mensch und Hund. Auf keinen Fall dürfen Kinder solche Beute- und Zerrspiele mit Hunden spielen. Zu schnell entstehen gefährliche Situationen, in denen der Hund seine „Beute" (Spielzeug) notfalls auch mit den Zähnen verteidigt. Aber auch Erwachsene müssen sich im Klaren darüber sein, dass solche Spiele die Gesundheit des Hundes, insbesondere der Knochen und Gelenke, gefährden und Stress erzeugen können.

Geschirr, Halsband und Co.

Geht es nach draußen, muss Bello zunächst angezogen werden. Am besten hält man dem Hund in den ersten Wochen stets ein Leckerchen vor die Nase und führt ihn so, dass er von allein durch den Halsring des Geschirres beziehungsweise in das Halsband hineinschlüpft. Sehen Sie das Anlegen als Gehorsamsübung. Der Hund soll gern und freiwillig hineinschlüpfen. Belohnen Sie ihn großzügig und wiederholen Sie das Anziehen zwischendurch.

Bringen Sie Ihrem Hund bei, selbst in das Geschirr zu schlüpfen. Dabei fühlt er sich wohler, als wenn Sie krampfhaft an ihm herumfummeln.

Brustgeschirr anziehen

Beim Schließen der seitlichen Gurte sollte sich der Mensch nicht über den Hund beugen. Dies wird von vielen Vierbeinern als bedrohlich oder zumindest unangenehm empfunden. Am besten geht man in die Hocke und bleibt seitlich vom Hund, während man die Seitenbänder schließt. Dabei soll der Hund ruhig stehen bleiben. Das Anziehen im „Sitz" erschwert die Sache unnötig. Lassen Sie sich nicht auf Spielchen ein, mit denen der Hund das Anziehen hinauszögern oder verhindern will. Belohnen Sie den Hund stets mit einem Leckerchen, wenn er sich Halsband oder Brustgeschirr hat anlegen lassen.

An- und ableinen

Bald wird sich Ihr Hund gern anziehen lassen, geht es doch nun auf große Entdeckungstour. Wenn er draußen frei laufen darf, lassen Sie ihn zuerst sitzen, bevor Sie die Leine ausklinken. Kommt der Hund in Ihre Nähe, loben Sie ihn mit freundlichen Worten und geben ihm ab und zu ein Leckerchen. Dadurch erreichen Sie, dass der Hund beim Spaziergang gern und häufig zu Ihnen kommt. Fassen Sie dabei auch ab und zu ins Halsband beziehungsweise Brustgeschirr, wenn er direkt vor Ihnen steht, als ob Sie ihn anleinen wollten. Nun füttern Sie ihn und entlassen ihn sogleich mit einem „Ok" wieder. Dadurch lernt der Hund, dass es ganz normal ist, wenn er ab und zu am Halsband gegriffen wird und er nicht jedes Mal an die Leine muss. Soll der Vierbeiner wieder angeleint werden, können Sie einige Leckerchen direkt vor sich auf den Boden streuen. Während der Hund diese frisst, klinken Sie ganz nebenbei und mit ruhigen Bewegungen die Leine wieder an.

▶ Tipp: Bequem im Haus

Um das Fell zu schonen, trägt der Hund innerhalb von Haus und Garten kein Brustgeschirr. Nur wenn dies aus besonderen Gründen notwendig wäre, bleibt das Geschirr oder ein bequemes Halsband auch drinnen am Hund.

Menschen- oder Hundegarten?

Ein Garten ohne Tretminen ist vor allem für Familien mit Kindern angenehm. Allerdings erfordert es einen höheren Erziehungsaufwand und mehr Gassigänge (gegebenenfalls auch nachts, wenn Bello einmal krank ist), wenn der Hund den Garten sauber halten soll. Überlegen Sie sich schon vor Einzug des Hundes, ob Sie den Garten als Hundetoilette freigeben möchten. Kompromisslösungen sind eine Toilettenecke oder das Abteilen des Gartens.

Erst Gassi, dann Garten

Soll sich der Hund nicht im Garten lösen, muss er vor jedem Gartenaufenthalt ausgeführt werden, damit Blase und Darm entleert sind. Achten Sie auch dann noch auf sein Verhalten: Zeichnet es sich ab, dass der Vierbeiner trotzdem sein Geschäft verrichten will, nehmen Sie den Welpen sofort kommentarlos auf den Arm

Erst wenn Blase und Darm entleert sind, geht es in den Garten. Konsequenz zahlt sich aus, Ihr Grün bleibt sauber.

beziehungsweise führen den älteren Hund auf der Stelle kommentarlos aus dem Garten und an eine Stelle, an der er sich lösen darf. Schimpfen Sie nicht mit ihm, wenn das Malheur bereits passiert ist – dann ist es sowieso zu spät. Entfernen Sie die Hinterlassenschaft und schwemmen Sie Reste mit einem Eimer Wasser weg. Um zu verhindern, dass die Gerüche den Hund später wiederum zum Pinkeln animieren, sollten Sie dem Wasser einen guten Schuss Zitronensaft beimischen oder den Fleck mit einem im Handel erhältlichen „Get-off-Spray" aus natürlichen Duftstoffen besprühen.

Wenn Sie ihn in den ersten Monaten gar nicht erst im Garten machen lassen, wird er diese Vorgabe bald zuverlässig einhalten.

Die Toilettenecke

Manche Hunde bekommen auch eine eigene Toilettenecke zugeteilt. Wenn Sie den Platz ausgesucht haben, führen Sie den Hund am besten gleich zu Beginn des Gartenaufenthaltes an diese Stelle und bleiben mit ihm dort, bis Blase und Darm entleert wurden. Warten Sie mit lockerer Leine so lange in der Pipi-Ecke, bis der Hund sein Geschäft erledigt hat. Erst jetzt darf er den übrigen Garten betreten. In der Anfangszeit ist wieder Ihre ständige Aufmerksamkeit gefragt, damit Sie den Hund bei den ersten Anzeichen sofort in die „richtige" Ecke führen können.

Saubere Toilette

Sollte trotzdem ein Malheur an unerwünschter Stelle passieren, verfahren Sie wie oben beschrieben und vertilgen Geruchsreize durch Zitronenwasser oder Get-off-Spray. In der Hundeklo-Ecke hingegen wird nur das Häufchen entfernt, hier sollen entsprechende Geruchsreize Bello beim nächsten Mal dazu animieren, sich wieder an dieser Stelle zu versäubern. Das Aufstellen eines Sandkastens erleichtert manchen Hunden die Annahme ihres Toiletten-Bereiches und ist eine geruchsarme Alternative zur Grasecke. Räumen Sie die Häufchen regelmäßig weg. Manche Hunde verweigern die Hundetoilette, wenn sich dort eine Tretmine neben der anderen befindet.

Kein Ersatz für Spaziergänge

Gehören Sie nicht zu den Frühaufstehern oder Nachteulen, dann erleichtert es den Alltag sehr, wenn man den Hund zum Lösen ab und zu in den Garten schicken kann. Natürlich ersetzt das keinesfalls die täglichen Gassirunden.

Die Macht der Gewohnheit

Sehr schwierig wird es, wenn der Hund zunächst im Garten Pipi machen durfte, dies später jedoch nicht mehr erlaubt sein soll. Solches Umdenken fällt einem Hund erfahrungsgemäß schwer, zumal die vorhandenen Geruchsreize ihn immer wieder zu seinen Geschäften einladen. Soll der Hund umgestellt werden und steht der Garten nicht mehr als Hundetoilette zur Verfügung, müssen Sie das Unterfangen mit Geduld angehen. Zunächst wird immer eine ausführliche Gassirunde eingelegt, damit Blase und Darm entleert sind. Halten Sie den Hund in den nächsten Monaten im Garten an der Leine. Erst wenn alle Pipi-Tendenzen über viele Wochen hinweg verschwunden waren, darf der Hund im Garten wieder frei laufen – aufmerksame Beobachtung vorausgesetzt.

Spielwiese für Hunde

Überlegen Sie sich daher vor Ankunft des Hundes, ob Ihnen ein „Garten für Menschen" oder ein „Garten für den Hund" in Bezug auf die Alltagsorganisation wichtiger ist – beides hat Vorteile. Ein größeres Grundstück lässt sich durch einen Zaun in „Menschen- und Hundegarten" unterteilen.

In einen Hundegarten gehören einige Parcours-Geräte. Zum Beispiel ein Stangen-Mikado oder Reifen für diverse Übungen.

Vielleicht richten Sie im Hundegarten auch einen kleinen Parcours für den Vierbeiner ein. Aus einigen Besenstielen, Hulahoop-Reifen, einem alten Lattenrost, einem Trampolin, einem Brett auf vier Autoreifen entsteht ein spannender Beschäftigungsort für Mensch und Hund. So profitieren sowohl die Zwei- als auch der Vierbeiner entspannt vom Gartenglück und können es gemeinsam genießen.

Gemeinsame Beschäftigung im Garten verbindet und schweißt Mensch und Hund zum Team zusammen.

Fremde im Revier!

Nur wenige Hunde lässt es kalt, wenn Passanten am Gartenzaun vorübergehen oder Besucher an der Haustür klingeln. Es ist normal und natürlich, dass Hunde durch Bellen dem Rest des Rudels anzeigen, dass sich jemand an der Territoriumsgrenze aufhält, der (aus ihrer Sicht) dort nichts verloren hat. Anstatt durch lautes Schimpfen „mitzubellen" können Sie das Klingelzeichen positiv besetzen. Dann hört der Haustürterror auf, Besucher können empfangen werden.

Los, verschwinde!

Das Bellen soll den Zaungast warnen und vertreiben, damit im wahrsten Sinne des Wortes wieder Ruhe im Revier einkehrt. Und tatsächlich: Der unheimliche Fremde geht weiter und verschwindet – ein voller Erfolg für Bello. Der Hund lernt daraus: Es lohnt sich, zu bellen, dann bleiben die Fremden fern. Also wird er beim nächsten Passanten noch energischer bellen.

Superspannende Leckerchendose

Es ist gar nicht einfach, das Bellen am Gartenzaun dauerhaft zu unterbinden. Sie können Ihrem Hund jedoch klarmachen, dass es sich in dem Moment, in dem Passanten vorübergehen, besonders lohnt, zu Ihnen zu kommen. Beginnen Sie mit wichtigem Gehabe, freundlich einladenden Worten und geräuschvollem Hantieren an der Leckerlidose, sobald Passanten erscheinen (und bevor der Hund bellt). Schaut Bello interessiert bei Ihnen vorbei, belohnen Sie ihn mit netten Worten und Futter. Ziel ist es, den Hund so abzulenken, dass er nicht bellt.

Besser spät als nie

Selbst wenn Sie einmal zu spät reagiert haben sollten und der Hund schon Laut gibt, beginnen Sie mit dem Futterritual. Werfen Sie es ihm zu, streuen Sie es aus. Ihr Hund soll beschäftigt sein und den Passanten vorerst vergessen.

Wird Bellen belohnt?

Manche Trainer argumentieren nun vielleicht, dass man dadurch den Hund für das Bellen belohne. Das stimmt in gewissem Sinne. Allerdings wird der Hund so oder so für sein Bellen belohnt. Die erste Belohnung ist, dass der Fremde abzieht und die zweite Belohnung ist das Bellen selbst, das nach einer gewissen Zeitdauer für die Ausschüttung von bestimmten Stoffen im Blut sorgt, die dem Hund ein „gutes Gefühl" vermitteln. Dauerbellen ist ein selbstbelohnendes Verhalten – daran führt kein Weg vorbei. Das Bellen wird daher auch nicht völlig verschwinden, aber es reduziert sich durch das Futterritual in aller Regel auf ein erträgliches Maß – der Hund wendet sich rasch wieder in (erwünschter) Futtererwartung seinem Besitzer zu. Erst wenn dieses Ritual über mindestens sechs Monate intensiv geübt wurde, können Sie dazu übergehen, den Hund nur noch ab und zu mit Futter zu belohnen. Das Ritual „Passant = Futterdose klappert" soll jedoch auch später noch möglichst häufig stattfinden, damit der Hund für sein Stillsein belohnt wird.

Haustür-Terror

Ein echtes Problem vieler Hundehalter ist Bellos Verhalten, wenn es an der Türe klingelt. Auch in dieser Situation sieht der Vierbeiner rot, da sich Eindringlinge an der Reviergrenze aufhalten. Lautstarkes Bellen zeigt seine Erregung, wildes Herumhüpfen vor der Eingangstür machen es teilweise unmöglich, Besucher gesittet einzulassen. Wie in anderen Abschnitten dieses Buches zu lesen, ist es nicht sinnvoll, den Hund mit harschem „Pfui! – Lass das! – Ruhig jetzt!" anzuherrschen. Hunde sind territoriale Wesen, „Besuch" kommt in ihrem genetischen Programm nicht vor. Lebewesen, die sich nah an der eigenen Territoriumsgrenze aufhalten, beunruhigen die Hunde von Natur aus erheblich. Zwar gibt es ab und zu Ausnahmen, also Hunde, die von sich aus ruhig und gelassen liegen bleiben, wenn es klingelt, doch das ist eher selten. Betrachten wir die Situation einmal aus Sicht des Hundes: „Es klingelt, also steht jemand vor der Tür und will in unser Territorium eindringen. Das gilt es zu verhindern, es könnte ein gefährlicher Feind sein. Auch mein Mensch ist völlig aufgebracht, bellt zornig („Pfui! – Lass das! – Ruhig jetzt!") und bewegt sich schnell und hektisch. Vor der Tür muss tatsächlich ein gefährliches Wesen sein, sonst würde mein Mensch sich ja nicht so unsicher verhalten. Gemeinsam sind wir stärker, also bellen wir doch zusammen, dann vertreiben wir den Feind ganz bestimmt…"

Das Beispiel ist sicherlich recht menschlich formuliert, macht aber deutlich, dass ein Hund die harten Worte seines Besitzers nicht auf sein eigenes Verhalten bezieht, sondern auf den Besucher vor der Tür. Mit jeder Wiederholung fühlt sich der Hund darin bestärkt, dass das Klingeln den Menschen ärgert. Je mehr der Mensch mit dem Hund schimpft, umso stärker wird des Hundes Bellen werden.

Klingelzeichen positiv besetzen

Drehen wir den Spieß einfach um: Immer wenn es an der Haustür klingelt, sprechen wir sofort sehr freundlich mit dem Hund, reichen ihm sein geliebtes, mit leckerer Schleckpaste gefülltes Spielzeug oder werfen eine Handvoll kleiner Leckerchen auf den Boden, die er in aller Ruhe zusammensuchen kann, gehen in gemäßigtem Schritt zur Tür und öffnen. Nun kann der Besuch eintreten und die Jacke ablegen. Währenddessen beschäftigen wir den Hund ganz nebenbei mit weiteren Leckerchen am Boden. Das Schlecken des Futterballes beziehungsweise das Zusammensuchen der Leckerchen haben einen positiven und beruhigenden Effekt auf den Hund. Bald akzeptiert unser Hund fremde Besucher, belästigt diese nicht mehr beim Eintreten (da er ja anderweitig beschäftigt ist) und wendet sich uns beim ersten Klingeln erwartungsvoll zu: „Jetzt müsste der Leckerchen-Regen beginnen…" Durch unser freundliches und ruhiges Verhalten und die Belohnung wird das Klingelzeichen zum positiven Signal. Das aggressive Bellen entsteht erst gar nicht und Sie haben einen weiteren Pluspunkt auf Ihrem Führungskompetenz-Konto errungen.

Der Hund darf die von Ihnen ausgestreuten Leckerchen zusammensuchen, wenn es an der Haustür klingelt.

So kann der Besuch unbelästigt eintreten und der Hund gerät nicht gleich bei jedem Klingeln aus dem Häuschen.

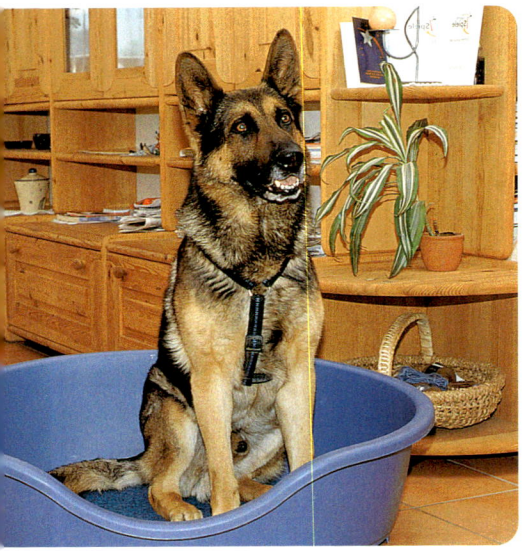

Besuch kündigt sich an

Damit der Hund nicht zum Störfaktor wird, braucht er klare Vorgaben, wie er sich bei der Ankunft und während der Verweildauer von Besuchern zu verhalten hat. Treffen Sie je nach Ihrer häuslichen Situation eine individuelle Entscheidung und achten Sie auf die Akzeptanz seitens des Hundes. Anstatt Besucher anzubellen, darf Bello Futter im Hausflur zusammensuchen oder bekommt einen Kauknochen auf seiner Decke. Weisen Sie ihm klar seinen Platz zu.

Zivilisierter Empfang

Leben Sie allein und soll Ihr Hund durchaus auch Schutzcharakter einnehmen, darf er mit zur Tür, wenn Sie öffnen. Er soll sich dort allerdings hinter oder neben Ihnen aufhalten, keinesfalls vorpreschen und bellen. Am besten, weisen Sie ihn freundlich ins „Sitz" und füttern ihn, während Sie die Tür öffnen und das Gespräch andauert. Will der Hund aufstehen und zur Tür drängeln, platzieren Sie ihn freundlich hinter sich ins „Sitz". Bestehen Sie darauf, dass er akzeptiert, an dem von Ihnen zugewiesenen Platz zu bleiben. Belohnen Sie das Einhalten dieser Position immer wieder großzügig.

Auf die Decke
Haben Sie hingegen ein „offenes Haus", mit viel Besuch und Trubel, dann kann es sehr lästig werden, wenn der Hund jedes Mal die Besucher mit empfangen möchte. In diesem Fall empfiehlt es sich, dass der Vierbeiner eigenständig auf einen bestimmten Platz geht, zum Beispiel seine Liegedecke im Hausflur, sobald es an der Tür klingelt. Sie erreichen das, indem Sie unmittelbar nach dem Türklingeln das mit Futter gefüllte Spielzeug beziehungsweise eine Handvoll kleiner Leckerchen auf die Decke werfen. Gegebenenfalls streuen Sie nochmals einige Leckerchen nach. Achten Sie darauf, dass der Hund dort so lange bleibt, bis Sie ihm durch ein kurzes „Ok" erlauben, seinen Platz zu verlassen.

Klare Entscheidungen

Treffen Sie Ihre Entscheidung darüber, welche der geschilderten Verhaltensweisen Sie Ihrem Hund beibringen möchten. Der Hund wird sich leicht in jede der Möglichkeiten einfinden, egal ob er im Hausflur nach Leckerchen suchen darf, beim Tür öffnen hinter ihnen sitzen soll oder sich auf seine Decke begeben soll. Er braucht nur Klarheit darüber, was genau Sie möchten und er braucht Erfahrungswerte (= Übung und Wiederholung), dass sich dieses von Ihnen gewünschte Verhalten, auch für ihn, den Hund, lohnen wird. Sollte Ihnen das Handling anfangs noch schwer fallen, bitten Sie je-

Haben Sie sich entschieden, dass Ihr Hund auf die Decke soll, beobachten Sie ihn stets dabei. Ein Kauknochen macht die Wartezeit kurzweiliger.

manden um Hilfe beim Beobachten und Belohnen des Hundes, während der Besuch empfangen wird. Die Mühe lohnt sich, denn Sie profitieren ein ganzes Hundeleben lang von dieser Übung und werden sicherlich viele anerkennende Worte aus Ihrem Freundeskreis erhalten.

Aufdringliche Vierbeiner

Sitzt der Besuch erst einmal an der Kaffee-Tafel, lässt das Interesse des Hundes meistens rasch nach. Viele Hunde kümmern sich dann kaum mehr um den Besucher, sobald das aufregende Empfangszeremoniell vorüber ist.

Manchmal können Hunde ziemlich unangenehm auffallen, beispielsweise, wenn der Besuch vom Vierbeiner permanent beschnuppert, bedrängt und zum Streicheln aufgefordert wird. Viele Hunde fordern immer wieder die Aufmerksamkeit der Besucher ein, indem sie stolz ihr Lieblingsspielzeug präsentieren, es immer wieder in den Schoß des Gastes platzieren und Ähnliches. Durch Bellen und Herumhüpfen in der Wohnstube buhlen manche Vierbeiner um Beachtung.

Aus Sicht des Hundes

Betrachten wir die Situation zunächst wieder aus Hundesicht. Immer wenn Besuch im Haus ist, kümmert sich die ganze Menschenfamilie um die Fremden und keiner achtet auf den sich anständig verhaltenden Hund, der sich brav abseits aufhält. Drängt er sich jedoch vor, kann er durch sein (unerwünschtes!) Verhalten ganz bestimmt eine kraulende Hand oder zumindest einen Blick erhaschen. Auch wenn der Besitzer schimpft oder den Hund wegzieht, hat der Hund zunächst sein Ziel erreicht: „Endlich kümmert sich jemand um mich!"

Die typische Erziehungsfalle

Sie bemerken die typische Erziehungsfalle: Wohlverhalten wird nicht honoriert – belästigendes Verhalten wird durch Zuwendung (Schimpfen ist auch eine Form von Zuwendung) belohnt. Sind Hundefreunde zu Besuch, passiert es häufig, dass diese zwar wohlmeinend, aber für den Hundehalter höchst unerwünscht, des Vierbeiners aufmerksamkeitsheischendes Verhalten bestärken. Dann wird das so nett in den Schoß gelegte Spielzeug geworfen, der um die Beine drängende Hund gestreichelt oder der dauerbellende, vierbeinige Springball zu noch höheren Freudensprüngen animiert.

Ein wohlerzogener Hund bleibt gern in seinem Korb. Es bedarf einiges an Übung, bis er zuverlässig dort bleibt, aber die Mühe lohnt sich.

Alles unter dem Motto „Wir sind doch Hundefreunde, das macht uns nichts aus – schau nur, wie lieb der Hund ist". Vielleicht ist es ehrlich gemeint, aber der Erziehung des Hundes ist damit absolut nicht gedient.

Keine Belästigungen

Ein Hund kann es nicht verstehen, dass er manchmal Besucher belästigen darf, dasselbe Verhalten ein anderes Mal jedoch streng geahndet wird. Für Besucher, die keine sonderliche Verbundenheit (oder vielleicht sogar Abneigung bis hin zu Angst) gegenüber Haustieren empfinden, für Gäste mit heller, empfindlicher Kleidung oder für die ältere, schon gebrechliche Erbtante ist es nicht akzeptabel, wenn der Hund ihnen ständig um die Beine streicht oder jegliches Gespräch durch das Verhalten des Vierbeiners gestört wird. Finden Sie sich in diesen Zeilen wieder, dann zögern Sie nicht, sofort Abhilfe zu schaffen. Ändern Sie Ihre Reaktionsweisen in den beschriebenen Situationen und wirken Sie auf alle wohlmeinenden, aber unwissenden Gäste ein. Da Sie persönlich mit Ihrem Hund noch viele gemeinsame, schöne Jahre verbringen möchten, ist Ihr Anliegen wichtig. Nicht der Besuch hat mit den Konsequenzen zu leben, sondern Sie. Daher entscheiden Sie alleine, welche Erziehungsmaßnahmen für den Hund getroffen werden – ohne diese gegenüber anderen rechtfertigen zu müssen, auch wenn Ihr Besuch etwas beleidigt sein sollte.

So klappt es mit der Umerziehung

Laden Sie sich in der Zeit der Umerziehung bevorzugt verständnisvolle und hilfsbereite Gäste ein. In dieser heiklen Phase ist es nämlich besonders wichtig, dass Sie ein waches Auge auf den Hund haben. Es ist anfangs nicht ganz leicht, sowohl den Gästen gerecht zu werden als auch den Hund zu betreuen. Betrachten Sie Ihren Hund wie ein zweijähriges Kind und passen Sie gut auf ihn auf. Bitten Sie eventuell ein Familienmitglied um Unterstützung.

Kurzzeit- oder Langzeitbesucher?

Während Kurzzeitbesuchen empfiehlt es sich, dem Hund beizubringen, in seinem Körbchen beziehungsweise auf seiner mobilen Reisedecke zu bleiben. Bei Langzeitbesuchen muss dem Hund ein gewisser Bewegungsspielraum eingeräumt werden. In schwierigen Fällen könnte die Elternleine verwendet werden, die unter dem Abschnitt „Kind und Hund" beschrieben wird. Der Hund bleibt im Haus angeleint und lernt so, Ihren Bewegungen zu folgen. Die Elternleine wird an einem Gürtel an Ihrer Hüfte befestigt. Ein anderes Vorgehensmodell wird auch unter dem Abschnitt „Anspringen von Personen" beschrieben. Abgewandelt für Langzeitbesucher bedeutet dies: Der Hund darf sich so lange frei und unbeeinflusst im Raum bewegen, so lange er den Besuch nicht belästigt oder das Gespräch stört. Zeigt er jedoch Tendenzen, wird er sogleich freundlich, aber klar in ein „Sitz" neben dem Hundehalter beordert und muss hier zwischen zehn Sekunden und einer Minute verbleiben, bevor Sie ihn durch ein „Ok" freigeben. Stört der Hund wieder, wird die Übung wiederholt.

Durch die Standortwahl des Körbchens wahren Sie die nötige Distanz, damit sich Ihr Vierbeiner wohlfühlt. Hier hat er Schutz und Ruhe vor Belästigungen durch uneinsichtige Besucher.

▶ Anzeichen von Unwohlsein

Dass seine Wohlfühldistanz unterschritten wurde, erkennen Sie daran, dass der Hund vermehrt mit den Augen blinzelt, wegschaut, die Ohren anlegt, eventuell gähnt oder verstärkt zu hecheln beginnt. Manche Hunde werden auch starr und fixieren den fremden Menschen bedrohlich, beginnen zu knurren oder die Zähne zu fletschen.

Abstand halten

Hunde, die sich vor Besuchern fürchten und/oder zur Aggression neigen, brauchen eine klare Vorgabe, wie sie sich verhalten sollen, wenn Gäste im Hause sind. Auch die Besucher müssen die Vorgaben des Hundebesitzers ernst nehmen und befolgen. Der Hund soll den Platz einhalten, den Sie ihm zuweisen. Manchmal kann es auch besser sein, Besuch und Hund getrennt zu halten. Für ängstliche oder aggressive Hunde ist es sehr wichtig, dass Ihre Individualdistanz gewahrt bleibt. Diese fällt von Hund zu Hund unterschiedlich aus, beträgt aber sicher mehr als drei bis vier Meter. Prüfen Sie, ob genügend Abstand zum Hundekorb besteht. Je unsicherer ein Hund ist, desto schneller fühlt er sich von einem Menschen gestört (oder bedroht), wenn dieser ihm zu nahe kommt. In engen Wohnräumen wie dem Hausflur, kann es schnell zu einer Überforderung kommen.

Schützen Sie Ihren Hund

Achten Sie darauf, dass Ihre Besucher sowohl die Zeichen von Unsicherheit als auch die Warnungen des Hundes respektieren und den Abstand zum Hund sogleich wieder vergrößern. Verhindern Sie ein zwar gut gemeintes, für den Hund jedoch unangenehmes Trösten und Tätscheln durch die Besucher („Aber du brauchst doch keine Angst zu haben, wir tun dir doch nichts …"). Verhindern Sie auch, dass Besucher sich einen Spaß daraus machen, den Hund zum Drohen und Knurren zu reizen, indem sie sich absichtlich dem Hund nähern oder nach ihm greifen, um ihn aus der Reserve zu locken (solche Leute gibt es tatsächlich!)

Verhindern Sie außerdem, dass sich ein Besucher als „Held des Tages" aufspielt und unbedingt beweisen will, dass er keine Angst vor Hunden hat. Werden die Droh- und Warnsignale des Hundes nicht respektiert oder wird er gar dafür bestraft, dass er sie zeigt, entsteht schnell eine gefährliche Situation. Dieser Hund warnt dann nämlich nicht mehr, sondern beißt sofort zu! So weit dürfen Sie es auf keinen Fall kommen lassen. Es ist Ihr Job, dem Hund ein Gefühl der Sicherheit zu geben und auf die Wahrung seiner Rechte zu achten. Gehen Sie mit dem Hund zwischendurch eine Runde Gassi, und beschäftigen Sie sich mit ihm – das entspannt.

Räumliche Trennung

Falls Ihr Besuch völlig uneinsichtig ist oder falls Sie es nicht zuverlässig gewährleisten können, dass die Individualdistanz Ihres Hundes gewahrt bleibt, falls Sie es für zu gefährlich halten, Hund und Besuch in Kontakt kommen zu lassen oder wenn es Ihnen einfach zu viel wird, alles miteinander zu koordinieren und zu beaufsichtigen, sollten Sie den Hund vorübergehend in einen besucherfreien Wohnbereich schicken. Der Besuch geht ja wieder und für viele Hunde ist dies die weitaus bessere Lösung, als ständig fremden Menschen ausgeliefert zu sein. Sie brauchen deswegen auch kein schlechtes Gewissen zu haben oder sich zu schämen. Es ist verantwortungsvoll und richtig, für die Sicherheit aller zu sorgen. Auch wenn andere Menschen dies vielleicht nicht verstehen und Sie dazu verleiten möchten, es doch zu wagen („So schlimm ist es schon nicht, der Hund muss doch lernen, mit Besuch umzugehen …") – hören Sie auf sich und Ihr Bauchgefühl. Stehen Sie dazu. Es ist keine Schande, einen ängstlichen oder aggressiven Hund zu halten. Sie geben diesem Tier ein gutes Zuhause und damit eine Lebenschance.

▶ Knurren

Im Knurren eines Hundes stecken zwei wichtige Botschaften. Die erste lautet „Ich will nicht beißen!" (sonst hätte er schon zugeschnappt) und die zweite heißt „Ich brauche mehr Abstand!" Auch ein Hund hat das Recht auf Wahrung seiner Intimsphäre, auch ein Hund muss sich nicht von jedermann betätscheln lassen.

Beschäftigung tut gut

Nur wenn Hunde sich wohl und ausgeglichen fühlen, sind sie angenehme Hausgenossen. Daher brauchen Hunde neben der körperlichen Bewegung auch geistige Anregung. Überlassen Sie es nicht dem Zufall, wer sich wann mit Bello beschäftigt, ihn ausführt oder erzieht. Am besten wird die ganze Familie dabei eingebunden, jeder erhält sein Aufgabengebiet. Ein Plan gibt Struktur, erzieht zur Disziplin. Ist alles übersichtlich aufgeführt, wird nichts vergessen.

Wer kümmert sich um den Hund?

In den ersten Wochen möchten sich am liebsten alle Familienmitglieder rund um die Uhr um den Hund kümmern. Im Laufe der Zeit lässt die Begeisterung für das neue Familienmitglied nach und der Alltag kehrt ein: Die „Freiwilligen" für den Gassigang nehmen ab und auch für das Beschäftigungsprogramm finden sich nur noch wenige. Stellen Sie einen Familienplan auf, in dem geregelt ist, wer für welche Aufgaben in welchem zeitlichen Rhythmus zuständig ist. Stimmen Sie diesen Plan auf Ihren Alltag ab. Vielleicht lässt sich der Morgenspaziergang damit verbinden, die Kinder zur Schule oder in den Kindergarten zu bringen? Nach der Rückkehr wird der Hund dann zufrieden schlafen und es bleibt Zeit für die Hausarbeit.

Kinder einbinden

Auch die Kinder der Familie sollten nachmittags ein klares Aufgabengebiet übernehmen, das auf das Alter abgestimmt ist und stets unter Aufsicht eines Erwachsenen erfolgt. Nachdem die Hausaufgaben erledigt sind, sollte ein kleines Beschäftigungsprogramm mit dem Hund zur täglichen Routine der Kinder werden. Seien Sie erfinderisch und kreativ: Alles, was Kind und Hund gefahrlos Spaß macht, ist erlaubt: Dazu gehören kleine Gehorsamsübungen, Geschicklichkeitsspiele.

Auch Kinder sollen sich, natürlich unter Aufsicht eines Erwachsenen, regelmäßig mit dem Hund beschäftigen.

Spaziergänge und Beschäftigung

Ein erwachsener Hund wird mindestens dreimal täglich ausgeführt. Anhaltswerte sind zwei Runden zu je 30 Minuten und ein Hauptspaziergang über circa eine Stunde. Ergänzend dazu empfehlen sich zwei Beschäftigungszeiten mit jeweils circa 15 Minuten, in denen dem Hund kleine Aufgaben gestellt werden, er Futter oder Spielzeug suchen darf und einige Gehorsamsübungen abgefragt werden. Diese Beschäftigungsrunden können sowohl im Haus als auch im Freien stattfinden. Ein Welpe oder Junghund wird circa fünfmal täglich ausgeführt, dafür deutlich kürzer. Anhaltswerte sind zwischen 10 Minuten (Welpe) und 20 Minuten (Junghund) pro Spaziergang. Die Beschäftigungsrunden beschränken sich auf dreimal fünf Minuten pro Tag. Das sind nur Anhaltswerte und variieren nach Rasse und Aktivitätslevel des Vierbeiners.

Wenn Kinder Hunde ausführen

Bitte beachten Sie auch die rechtliche Seite: Kinder dürfen erst ab einem bestimmten Mindestalter allein den Hund ausführen und nur, wenn sie ihn sicher führen können und er ihnen zuverlässig gehorcht. Ist das nicht der Fall, kann Ihnen Vernachlässigung der Aufsichtspflicht vorgeworfen werden. Eventuell übernimmt die Versicherung im Schadensfall keine Haftung. Auch die Gefahren für das Kind sind nicht unerheblich. Immer wieder sieht man Kinder blindlings hinter dem Hund herlaufen, auch quer über die Straße, oder Kinder, die von größeren Hunden durch die Gegend gezerrt werden. Es können auch Raufereien unter Hunden entstehen, bei denen das Kind plötzlich zwischen wild um sich beißenden Hunden steht. Klären Sie unbedingt die gesetzlichen Regelungen sowie den Passus Ihrer Tierhaftpflichtversicherung.

Dogsitter

Beauftragen Sie externe „Dogsitter" beziehungsweise Verwandte und Bekannte den Hund auszuführen, sollten die wichtigsten Dinge vorab (und am besten schriftlich) geklärt werden: Darf der Hund abgeleint werden? Wer haftet für Schäden, die der Hund dem Gassi-Geher zufügt, und wer für Schäden am Tier beziehungsweise bei dessen Entlaufen? Darf der Hund vor einem Laden angebunden und kurzzeitig ohne Aufsicht zurückgelassen werden? Was sieht Ihre Haftpflichtversicherung für den Fall der Fremdbetreuung vor, sind die Schäden ausreichend gedeckt?

Gemeinsames Futtersuchen macht Spaß und bringt Abwechslung in die Spaziergänge.

Was darf der Hund, was darf er nicht?

Die Erziehung sollte von allen Gassigehern möglichst einheitlich gehandhabt werden. Beispielsweise Freilauf kann nachteilig sein, wenn der Hund gerade durch intensives Schleppleinentraining den zuverlässigen Rückruf lernen soll. Lässt sich einer der Gassigeher vom Hund durch die Landschaft zerren, haben es die anderen, die konsequent auf eine lockere Leine hinarbeiten, schwerer, dieses Erziehungsziel zu erreichen. Wie soll sich der Spaziergang generell gestalten? Diese und weitere Fragen sollten unter den Gassigehern geklärt sein und konform gehandhabt werden, damit das Erziehungsziel erreicht werden kann.

▶ Überforderung vermeiden

Beobachten Sie Ihren Hund gut und vermeiden Sie körperliche oder geistige Überforderung. Achten Sie auch auf ausreichende Ruhezeiten. Besonders wenn kleine Kinder zur Familie gehören, braucht der Vierbeiner immer wieder Entspannungszeiten und störungsfreien Schlaf.

Ein ganzer Zoo zu Hause?

Falls noch andere Tiere im Haushalt leben, sollte der Umgang untereinander möglichst stressfrei für alle sein. Ein Welpe gewöhnt sich meist rasch an andere Tiere, wenn er zwanglos „mittendrin" sein kann. Prägen Sie ihn daher früh auf seine tierischen Mitbewohner. Bei allen Routinearbeiten darf der Hund nicht stören und soll ein angenehmer Begleiter sein. Sorgen Sie für die Sicherheit aller. Im Zweifel sollte die Kontaktaufnahme durch ein Gitter erfolgen.

Geklärte Fronten

Aquarien- und Terrarientiere sind durch ihre Behausung gut geschützt und die meisten Hunde interessieren sich kaum für diese Mitbewohner. Selbst Hund und Katze schließen rasch Freundschaft, wenn beide miteinander aufwachsen und jeder seine Rückzugsmöglichkeiten hat. Ist die Katze zwar älter, jedoch an Hunde gewöhnt, gibt es kaum Probleme, wenn ein Welpe einzieht. Schnell klärt die Katze die Fronten und der junge Hund wird akzeptieren, dass er die Samtpfote in Ruhe lassen muss.

Meerschweinchen und Co.

Die Zusammenführung zwischen Hund und Kaninchen, Schildkröten, Meerschweinchen oder Hamstern sollte möglichst frühzeitig und unter besonderer Aufsicht erfolgen. Auch wenn der kleine Hund nur spielerisch mit der Pfote auf das kleine Tier haut oder es herumtragen will, sind Kleinsäuger gefährdet. Bello soll es sich nicht angewöhnen, andere Haustiere als Spielzeug zu betrachten – zu schnell kann der Hund durch solche Situationen vom Jagdfieber gepackt werden.

Bekanntschaften durchs Gitter

Sind die Kleintiere durch einen Käfig geschützt, können sie gefahrlos mit dem Hund Kontakt aufnehmen und sich aneinander gewöhnen. Der Hund lernt, zurückhaltend zu sein und weder Pfote noch Maul einzusetzen. Erst wenn der Hund offensichtlich das Interesse am Tier verloren hat, kann man versuchen, beide ohne Käfig zusammenzulassen. Anfangs sollten Sie Kaninchen und Co. eventuell auf dem Schoß behalten. Dann können sich die Tiere auf Augenhöhe kennenlernen und beschnuppern. Beobachten Sie jedes Zusammensein immer äußerst aufmerksam und sorgen Sie für Ruhe. Keinesfalls darf sich das Kleintier vor dem Hund fürchten oder der Hund in Spiellaune geraten. Ein freundlich-neutrales Miteinander ist unser Erziehungsziel.

Der Käfig schützt das Kaninchen bei der ersten Begegnung.

Gefiederte Hausgenossen

Käfigvögel verlieren meist schnell an Reiz, da sie sich in der Regel außer Reichweite befinden. Die gefiederten Hausgenossen merken schnell, dass sie im Käfig sicher sind und werden den Hund nicht weiter beachten. Verunsicherten Vögeln hilft es, wenn der Käfig möglichst hoch steht. Aus sicherer Höhe können sie sich leicht an den Vierbeiner gewöhnen. Erhalten Ihre Vögel Freiflug, gilt besondere Aufsichtspflicht für den Welpen. Verhindern Sie, dass der kleine Naseweis den Vögeln auflauert. Jagdtendenzen müssen im Keim erstickt werden. Beobachten Sie den Hund gut und schicken beziehungsweise führen Sie ihn aus dem Raum, sobald er starkes Interesse zeigt. Nach einigen Minuten darf er wieder hereinkommen. Bleiben Sie stets aufmerksam und konsequent im Handeln.

Das liebe Vieh

Halten Sie Nutztiere, dann darf der Welpe von Anfang an dabei sein, wenn Sie füttern, tränken oder misten. Legen Sie Wert darauf, dass der Hund Ihnen stets ausweicht und rechtzeitig zur Seite geht, während Sie Ihren Aufgaben nachgehen. Nichts ist lästiger, als immer darauf achten zu müssen, ihm nicht über die Pfoten zu fahren oder mit der Schubkarre im Slalom um den dösenden Hund jonglieren zu müssen. Damit er lernt, Sie nicht bei der Arbeit zu behindern, verrichten Sie alles konsequent

Auch Hund und Katze können im Lauf der Zeit Freunde werden, vor allem, wenn sie sich von Klein auf kennen.

nach Plan, weichen nicht aus, wenn er in die Quere läuft und arbeiten mit Mistgabel und Co. zwar achtsam, aber ohne zu zögern. Sowohl bei den Arbeiten in Stall und Hof als auch beim Umgang mit großen Tieren wie Pferden, Kühen, Ziegen, Schafen muss der junge Hund lernen, auf sich selbst aufzupassen und den nötigen Abstand einzuhalten. Durch die körperliche Überlegenheit der Großtiere ist die Zusammenführung mit einem jungen Hund meist problemlos.

Hühner und Geflügel

Da Hühner und Enten durch wildes Geflatter großes Interesse beim Hund auslösen können und leicht zur Beute werden, empfiehlt es sich, das Federvieh einzuzäunen. Der junge Hund darf nur unter Aufsicht zum Geflügel und wird beim ersten Jagdansatz konsequent weggeschickt.

Wildes Geflatter darf keine Jagdtendenzen beim Hund auslösen – so ist es vorbildlich.

Alter und Rasse des Hundes

Es hängt natürlich auch ein wenig von der Rasse ab, wie leicht sich der Hund mit anderen Haus- und Nutztieren arrangiert. Welpen lassen sich meist problemlos und schnell integrieren. Ist der Hund schon älter, wenn er bei Ihnen einzieht, ist besondere Vorsicht bei der Zusammenführung mit anderen Haus-/Nutztieren geboten. Es gehört zum natürlichen Verhalten eines Hundes, anderen Tieren nachzujagen und sie gegebenenfalls auch zu töten. Deswegen ist es kein „böser" Hund. Möchten Sie eine Zusammenführung versuchen, gehen Sie sorgsam vor und lassen Sie allen beteiligten Tieren genügend Zeit, sich zu betrachten, zu beschnuppern und kennenzulernen. Trennen Sie die Tiere gegebenenfalls durch einen Zaun voneinander.

Kind und Hund

Das offene, unvoreingenommene Wesen eines Hundes, der sich über Zeit und Zuwendung freut und endlos die Sorgen und Nöte des Kindes anhört, ist Balsam für die Kinderseele. Viele Hunde suchen auch gern die Gesellschaft von Kindern auf. Damit dieser wertvolle Kontakt gefahrlos bleibt, ist jedoch die Aufsicht durch Erwachsene erforderlich. Nur wenn Hund und Kind sich gegenseitig respektieren und rücksichtsvoll sind, kann eine tiefe Freundschaft entstehen.

Gefahren vermeiden

Man ist manchmal erstaunt darüber, wie geduldig Hunde es ertragen, wenn Kinder lärmend durchs Haus toben, das Spielauto quer über ihre Pfoten fährt oder sie immer wieder geherzt und umarmt werden. Doch die Geduld des Vierbeiners darf kein Freibrief dafür sein, dass er immer wieder in Bedrängnis gebracht wird. Daher sind im Umgang von Kind und Hund einige Regeln zur Gefahrenvermeidung erforderlich. Grundsätzlich sollten die beiden von einem Erwachsenen beaufsichtigt werden.

Getrennte Spiele
Wenn der Hund frisst, trinkt oder an einem Kauartikel beziehungsweise Spielzeug herumkaut, muss das Kind ihn in Ruhe lassen. Dasselbe gilt, wenn er schläft oder in seinem Körbchen beziehungsweise auf seiner Decke liegt. Umgekehrt sollte sich der Hund nicht in die Spiele der Kinder einmischen. Wenn die Kinder „Fangen" spielen oder eine Burg aus Bauklötzen bauen, bleibt der Hund bei den Erwachsenen. Er soll sich weder angewöhnen, Kindern hinterherzurennen und in Hosenbeine zu schnappen oder Kinder anzuspringen, noch darf er die mühevoll gebastelte Burg mit freundlichem Schwanzwedeln zerstören. Der Vierbeiner könnte es nicht verstehen, wenn er dafür ausgeschimpft würde – wenngleich die Empörung der Kinder über das zerstörte Bauwerk verständlich ist.

Um Enttäuschungen zu vermeiden, kann beispielsweise das Kinderzimmer zum Taburaum erklärt werden. Respektieren Kind und Hund gegenseitig die jeweiligen Rückzugs- und Ruhezonen, dann werden viele Konfliktpunkte von vornherein vermieden.

Schnappen verboten
Vor allem junge Hunde neigen manchmal dazu, nach Kinderbeinen zu schnappen. Sie machen das aus Übermut ohne böse Hintergedanken. Unterbinden Sie diese unerwünschten Ansätze sofort. Sagen Sie dem Kind, dass es möglichst bewegungslos stehen bleiben soll, wenn der kleine Vierbeiner übermütig nach dem Hosenbein schnappt. Ein Erwachsener schickt beziehungsweise führt den Hund für zwei Minuten in einen anderen Raum.

Die Elternleine

Auch die sogenannte Elternleine hat sich in solchen Situationen bewährt. Ziehen Sie sich einen stabilen Gürtel an, an dem Sie eine leichte Leine befestigen. Die Leine sollte so lang sein, dass sich der Hund in einem Umkreis von 50 cm bewegen kann. Nehmen Sie den Hund ab und zu an die Elternleine, sowohl im Haus als auch im Garten. Geben Sie ihm ein Signalwort wie zum Beispiel „Hier bleiben" und verrichten Sie wie gewohnt Ihre Tätigkeiten. Der Hund soll sich angewöhnen, in Ihrer Nähe zu bleiben und

Ihren Bewegungen zu folgen. Dies ist später vorteilhaft, besonders wenn fremde Kinder zu Besuch sind. Anstatt den Hund wegen eines unerwünschten Verhaltens in einen anderen Raum zu schicken, können Sie ihm stattdessen einige Minuten „Elternleine" verordnen. Hat er sich beruhigt und akzeptiert es gut, bei Ihnen zu bleiben, können Sie die Übung beenden. Leinen Sie ihn ab und entlassen Sie ihn mit einem „Ok". Springt er wieder übermütig Kinder an, schnappt in Hosenbeine oder treibt ähnlichen Schabernack, kommt er sofort wieder an die Elternleine.

Bleiben Sie gelassen

Wichtig ist, dass Sie gelassen bleiben. Es darf Sie nicht ärgern oder in Hektik versetzen, wenn der Hund Unsinn macht. Wie kleine Kinder auch probieren Hunde einiges aus und warten gespannt auf die Reaktionen der anderen. Lassen Sie sich provozieren, schimpfen mit dem Hund oder reagieren mit „Pfui!" oder „Aus!", dann hätte er sein Ziel erreicht.

Lassen Sie sich nicht durch Ihren Hund aus der Ruhe bringen und sorgen Sie stattdessen für eine langweilige Auszeit (anderes Zimmer oder Elternleine), wenn er unakzeptable Dinge tut. Solche Maßnahmen sollen nur ein klares Zeichen setzen und sich im Bereich weniger Minuten abspielen – nicht länger.

Nehmen Sie ihn zügig, jedoch emotions- und kommentarlos an die Elternleine. Er wird die Flausen bald bleiben lassen und bessere Ideen entwickeln.

Positive Ansätze belohnen

Versäumen Sie nicht, ihn ausführlich zu belohnen, wenn er brav vor dem Kind sitzt (anstatt es anzuspringen oder in die Wade zu kneifen). Lenken Sie den Vierbeiner anschließend mit einem Futtersuchspiel oder ähnlichem vom Kind ab. Beaufsichtigen Sie das Zusammensein von Kind und Hund stets aufmerksam. Auch wenn Kind und Hund sich sehr lieben, Umarmungen des Hundes sollten genauso tabu sein wie das Ablecken des Gesichtes.

Viele Hunde schätzen es nicht, umarmt zu werden. Auch das Kind muss lernen, dass hieraus schnell eine gefährliche Situation entstehen kann.

Nur keine Unarten!

Viele Unarten wie Schuhe zerknabbern können leicht vermieden werden, indem man vorausdenkt und aufräumt. Bekommt der Hund in den ersten Monaten keine Möglichkeit, Schuhe oder teure Brillenetuis anzunagen, weil diese Dinge weggeräumt sind, wird er später kaum mehr auf die Idee kommen. Nur wenn Sie Zeit zur Aufsicht haben, dürfen die heiklen Objekte zugänglich sein. Schimpfen nützt nichts, geben Sie Bello lieber rechtzeitig eine „bessere Idee".

Umweltmanagement

Ist der Mülleimer stets gut verschlossen, wird Bello es bald aufgeben, dort nach Fressbarem zu suchen. Lassen Sie nie etwas Essbares in Reichweite des Hundes stehen, wenn Sie die Situation beaufsichtigen, kann der Hund sich nicht angewöhnen, vom Tisch zu stehlen.

Wenn Sie den Raum verlassen, stellen Sie zuvor den Abendbrotteller außer Reichweite des Hundes. Taburäume oder -zonen wie beispielsweise das Kinderzimmer, das Bett und die Couch sind entweder überwacht oder so gesichert, dass der Hund keinen Zutritt hat. Schließen Sie die Tür, bringen Sie ein Türgitter an, legen Sie Zeitungspapier auf das Sofa, denn darauf liegen Hunde nicht sehr gern. Außerdem verrät das Knistern sofort, wenn sich der Hund am Sofa zu schaffen machen sollte. Umweltmanagement ist das Zauberwort. Wer nicht in Versuchung geführt wird, hat es leichter, sich richtig zu benehmen.

Investition in die Zukunft

Sicher macht es etwas Mühe, immer vorauszudenken und zu planen. Sehen Sie es als Investition in die Zukunft. Hat Bello erst einmal gelernt, was er tun und was er lassen darf und sind die ersten Flausen aus dem Kopf, geht alles viel leichter. Dann ist es für den Hund ganz selbstverständlich geworden, Tabuzonen und herumliegende Gegenstände in Ruhe zu lassen.

Anspringen verboten

Eine weitere Unart vieler Hunde ist das Anspringen von Personen. Wird der Hund durch aufmunternde Worte und heftige Bewegungen in Aufregung versetzt, ist die Gefahr des Hochspringens viel größer, als wenn man sich ihm mit ruhigen Worten und gemäßigten Gesten zuwendet. Fordern Sie den Hund immer wieder auf, sich vor anderen Personen zu setzen und belohnen Sie ihn dafür großzügig mit Futter. Springt der Hund doch einmal hoch, sollte die betreffende Person zu Eis „erstarren". Erst wenn der Hund sich wieder auf seinen vier Pfoten befindet, kümmert sie sich wieder um den Hund und fordert ihn freundlich zu einem „Sitz" auf.

Räumen Sie rechtzeitig auf, bevor Ihr Vierbeiner diesen Part übernimmt. Wenn nichts herumliegt, kann auch nichts verschleppt werden.

Lenken Sie den Kleinen mit Futter ab. Dadurch ist sein Interesse schnell wieder bei Ihnen und er vergisst den Unsinn, den er gerade anzetteln wollte.

Nachdem der Hund zwei Sekunden sitzt, erhält er ein Leckerchen zur Belohnung. Leider können Sie nicht alle Personen beeinflussen. Manche, oft hundefreundliche Menschen, machen sich keine Gedanken darüber, dass ein hochspringender Hund für andere Personen angsteinflößend sein kann. Ein Hund versteht nicht, dass er manchmal hochspringen darf (sich ein Mensch darüber freut, ihn herzt und belohnt), er jedoch ein anderes Mal für dasselbe Verhalten diszipliniert wird (weil der Mensch eine helle Hose trägt und/oder Angst vor Hunden hat).

Ablenkung hilft

Handelt es sich um unbekannte Personen und zufällige Begegnungen, dann beschäftigen Sie Ihren Hund durch Leckerchen und Zuwendung so sehr, dass er das Interesse an den Fremden verliert. Üben Sie das „Sitz" so fleißig ein, dass er dieses Kommando zuverlässig ausführt, auch wenn er von fremden Menschen angesprochen oder angefasst wird. Beobachten Sie Ihren Hund aufmerksam und erinnern Sie ihn freundlich an das „Sitz", falls er doch unruhig wird und Anzeichen macht aufzustehen. Stellen Sie sich notfalls rasch zwischen die fremde Person und den Hund, falls er hochspringen will. Beordern Sie ihn nun freundlich aber bestimmt ins „Sitz" und belohnen Sie seinen Gehorsam nach zwei Sekunden durch freundliche Worte und Futter. Bald wird das „Sitz" vor Personen zur Routine und Ihnen wird es viele anerkennende und dankbare Worte bescheren.

Etwas zum Knabbern

Ein Hund, der ausreichend bewegt und beschäftigt wird, also körperlich und geistig gut ausgelastet ist, kommt viel seltener auf die Idee, im Haus Unfug anzustellen. Geben Sie dem Hund häufig Kauknochen. Junge Hunde, die im Zahnwechsel sind, brauchen das besonders, aber auch ältere Hunde vertreiben sich gern die Zeit mit einem Büffelhautkauknochen.

Das „Hundezimmer"

In den ersten Wochen und Monaten müssen Sie ein wachsames Auge auf den Hund werfen. Können Sie ihn nicht beaufsichtigen, dann sollte er in einem Raum sein, in dem er nichts anstellen kann. Die Luxusvariante wäre sicherlich ein eigenes „Hundezimmer", doch nicht jeder Hundehalter verfügt über die räumlichen Möglichkeiten. Man kann auch eine bestimmte Ecke abteilen oder eine Nische im Flur nutzen. Wichtig ist, dass der Hund diesen Ort nicht eigenständig verlassen kann. Die im Handel erhältlichen Hundetransportboxen eignen sich auch gut. Egal ob Hundezimmer, Nische oder Hundebox – der Hund soll sich dort wohlfühlen. Keinesfalls darf dieser Raum als Strafe nach unerwünschtem Verhalten eingesetzt werden. Gewöhnen Sie Ihren Hund langsam an den Aufenthaltsort, wird er es bald schätzen, in „seine Höhle" zu dürfen. Natürlich darf der Hunderaum nicht zum Daueraufenthalt werden.

Allein bleiben – (k)ein Problem?

Sie haben das Glück, rund um die Uhr für Ihren Vierbeiner da sein zu können? Prima! Dennoch sollte er lernen, ab und zu allein zu bleiben. Ein Hund, der problemlos allein bleibt, kann notfalls auch von anderen Personen betreut werden, sollten Sie verhindert sein, zum Beispiel durch einen unvermeidlichen Krankenhausaufenthalt oder Ähnliches. Lassen Sie ihn anfangs nur allein, wenn er müde ist. Beginnen Sie mit wenigen Minuten und steigern Sie langsam.

Die goldene Mitte

Manchmal ist es für den Hund stressfreier, zu Hause zu bleiben, während seine Menschen unterwegs sind. Denken Sie an die Einkäufe im Sommer, wenn er im heißen Auto zurückbleiben müsste, während Sie im Supermarkt sind. Oder an einen Bummel in belebten Fußgängerzonen, Straßenfeste, Cafés oder Ausstellungen, zu denen er zwar mitgebracht werden dürfte, es für ihn jedoch viel zu eng und zu voll wäre. Finden Sie für sich und Ihren Hund einen Weg, der allen gerecht wird. Einerseits soll er am Familienleben teilnehmen und kann Sie bei vielen Ausflügen begleiten. Andererseits sollten Sie auch so flexibel bleiben, dass Sie an Veranstaltungen teilnehmen können, an denen keine Hunde mitgebracht werden dürfen.

Ort der Entspannung

Schon während der Eingewöhnungszeit im neuen Heim bekommt der Hund ab und zu einen tollen Kauknochen im Hunderaum. Halten Sie sich dort gemeinsam auf, während er ruhig auf seiner Decke liegt und döst. Wenn Sie eine Box benutzen, lassen Sie die Tür während der ersten Tage offen, setzen sich direkt vor den Eingang und lesen ein Buch, während er in der Box seinen Knochen nagt. Sie sind zwar in seiner Nähe, verhalten sich aber betont ruhig und beschäftigen sich mit etwas anderem. Verhindern Sie ruhig aber konsequent, dass der Hund diesen Ort eigenständig verlässt, schicken Sie ihn gegebenenfalls wieder freundlich-bestimmt auf seinen Platz. Bald wird er akzeptieren, dass in diesem Raum, in der Nische beziehungsweise der Hundebox Ruhe und Entspannung herrscht. Quengelt oder zappelt er herum, wird er ignoriert – Sie lesen Ihr Buch. Unruhige Hunde bekommen einen Kauartikel, denn Kauen beruhigt die Hundenerven. Der Hund soll lernen, sich allein zu beschäftigen und zur Ruhe zu finden. Bleiben Sie ruhig und gelassen und bestehen Sie auf „Ihrer" Pause. Die Pause wird grundsätzlich nur dann durch ein leises „Ok" beendet, wenn der Hund sich ruhig verhält, döst, kaut oder schläft. Wenn Sie merken, dass sich der Hund an seinem Platz wohlfühlt, ihn häufiger von selbst aufsucht und dort recht schnell Entspannung findet, ist es Zeit für den nächsten Schritt.

> ▶ **Tipp:**
> ## Müde und zufrieden
>
> Hunde, die sich zuvor auf einem Spaziergang austoben und Blase und Darm entleeren konnten, kommen viel eher zur Ruhe. Legen Sie zuvor eine Gassirunde ein.

Allein sein will gelernt werden. Wenn Ihr Hund hundemüde ist, können Sie ihn für kurze Zeit allein lassen.

Kehren sie nach wenigen Minuten in das Zimmer zurück, aber nur dann, wenn Ihr Hund ruhig und gelassen ist.

Ganz kurz allein

Unternehmen Sie mit Bello einen großen Spaziergang, auf dem er sich richtig austoben kann, damit er anschließend müde ist. Schicken Sie ihn in seine Box, geben Sie ihm einen leckeren Kauartikel, schließen Sie die Tür und gehen Sie aus seinem Blickfeld, bleiben jedoch in Hörweite. Auch ein Babyfon leistet gute Dienste. So können Sie in den Hunderaum hineinhören, ohne in der direkten Nähe bleiben zu müssen. Trollt sich der Hund, schläft oder kaut, dann gehen Sie nach circa drei bis fünf Minuten zu ihm. Ohne jeglichen Kommentar setzen Sie sich wie gewohnt vor die (jetzt noch verschlossene) Tür und beginnen zu lesen. Das kennt der Hund bereits und da er sowieso sehr müde ist, wird er bald einschlafen. Nach einigen Minuten öffnen Sie mit einem „Ok" beiläufig das Türchen der Box beziehungsweise zur Hundenische. Ab jetzt darf der Hund diesen Ort verlassen, muss es aber nicht. Gut wäre, wenn er noch einige Zeit bei geöffnetem Tor dort weiterdöst – verhalten Sie sich daher betont leise, öffnen auch nur beiläufig das Türchen und bleiben noch einige Minuten dort. Falls er gleich aufsteht und hinausgeht, ist das auch in Ordnung.

Protestieren hilft nicht

Wenn der Hund unruhig wird, nachdem Sie ihn in die Box beordert haben, winselt oder gar bellt, dürfen Sie nicht zu ihm gehen. Sonst würde er schnell lernen, dass er Sie durch Winseln und Bellen dazu veranlassen kann, seine Box zu öffnen. Jetzt muss er lernen, dass Sie die Pause nur dann beenden werden, wenn er sich ruhig verhält. Unterbricht er für einige Sekunden sein Jammern, gehen Sie in Richtung Box. Wenn er ruhig bleibt, öffnen Sie das Türchen mit einem kurzen „Ok". Winselt oder bellt er wieder, während Sie auf die Box zugehen, kehren Sie kommentarlos um und entfernen sich einige Meter von der Box. Verhält sich der Hund einige Sekunden ruhig, können Sie wieder in seine Richtung gehen. Nur wenn der Hund ruhig bleibt, bis Sie am Türchen angekommen sind, öffnen Sie mit „Ok" und lassen ihn hinaus. Wichtig ist, dass Sie unmittelbar auf des Hundes Verhalten reagieren. Durch Bellen/Winseln beamt er Sie von sich weg, durch Stillsein bewegt er Sie zu sich heran – wie mit einer Fernbedienung.

Ein paar Minuten länger

Im nächsten Schritt werden die Zeiten des Alleinebleibens in kleinen Etappen ausgedehnt: Erst fünf, dann acht, fünfzehn Minuten und so weiter. Ergänzend kann der Hund beispielsweise nachts in seiner Box neben Ihrem Bett schlafen. So ist er einerseits bei Ihnen und lernt andererseits, dass die Box ein angenehmer Aufenthaltsort ist. Selbstverständlich er nie so lange in der Box bleiben, dass er durch eine volle Blase beziehungsweise einen vollen Darm in Bedrängnis kommt.

Lernen
macht Spaß

Lektion eins: Freude am Lernen

Als oberstes Gebot der Hundeerziehung gilt, dem Hund Freude am gemeinsamen Tun zu vermitteln. Denn ein Hund, der hören will, ist auch gehorsam. Wer Freude an der Arbeit hat, lernt schnell und bleibt aufmerksam. Dann heißt es nur noch, positive Verhaltensansätze früh zu erkennen und zu belohnen. Unsere Erziehungsformel ist ganz einfach und lautet: 80 % Belohnung + 10 % Ignoranz + 10 % Umweltmanagement = 100 % Erziehung, Vertrauen und Bindung.

Gehorchen zahlt sich aus

Ob der Hund motiviert und gehorsamsbereit ist, hängt davon ab, welche Erfahrungen er beim Üben, Lernen und Gehorchen macht. Erziehung lebt von Wiederholung, Lob und Belohnung sowie klarer Kommunikation, welche Verhaltensweisen der Hund zeigen soll. Lektion eins soll im Hund die „Lust am Lernen" wecken.

Durch unsere Erziehung wollen wir dem Hund Folgendes vermitteln: Wenn Du, lieber Hund, gehorchst, erhältst Du viel Angenehmes, wenn nicht, bekommst Du nur öde Langeweile. Körperliche Bestrafung ist für die Erziehung eines Hundes nicht nur unnötig, sondern sogar kontra-produktiv. Flausen entstehen erst gar nicht, wenn der Mensch seine Umwelt hundegerecht organisiert und vorausdenkt. So einfach ist Hundeerziehung – eigentlich.

Die Belohnung

Widmen wir uns zunächst der Belohnung am Beispiel „Sitz". Immer, wenn sich der Hund zufällig hinsetzt, geben Sie ihm ein Leckerchen. Damit fördern Sie gezielt einen von Ihnen gewünschten Erfahrungswert, der Hund lernt nämlich, dass „Sitz = Futter" bedeutet. Wahrscheinlich probiert er es bald noch einmal aus, ob er durch Hinsetzen einen weiteren Belohnungshappen ergattern kann.

Spätestens beim dritten Mal ist es kein Zufall mehr sondern ein gezieltes Verhalten des Hundes: Er setzt sich mit erwartungsvollem Blick vor Sie, belohnen Sie ihn großzügig dafür.

Ohne Worte

Ist Ihnen aufgefallen, dass bislang noch gar nicht das Signalwort „Sitz" zu hören war? Das ist zu Beginn des Lernprozesses unnötig. Trainieren Sie in entspannter Atmosphäre und bevorzugt in einem ablenkungsfreien, für den Hund eher langweiligen Raum. Bereiten Sie eine kleine Schüssel mit Leckerchen vor und

An einem ungestörten, ablenkungsfreien Ort lernt der Hund schneller.

beobachten Sie Ihren Hund. Setzt er sich (zufällig), dann reichen Sie ihm schnell ein Leckerchen. Streicheln Sie Ihren Hund jetzt möglichst nicht, dies würde eher stören als belohnen. Geben Sie ihm stattdessen lieber noch einen zweiten Leckerbissen. Fordern Sie ihn anschließend durch das Wegwerfen eines Leckerchens auf, die Sitzposition wieder zu verlassen. Erst nachdem der Vierbeiner aufgestanden ist, kann er sich wieder hinsetzen. Das wird er wahrscheinlich auch bald tun, warten Sie in Ruhe ab – und schweigen Sie dabei. Möchten Sie das Hinsetzen beschleunigen, nehmen Sie ein Leckerchen in die Hand und führen die Futterhand mit aufgestelltem Zeigefinger kurz vor Bellos Nase nach oben, über dessen Kopf nach hinten. Die meisten Hunde setzen sich dann automatisch. Belohnen Sie den Vierbeiner sofort, wenn er sich hinsetzt. Erklären Sie die Übung erst dann für beendet, wenn der Hund ruhig und abwartend in der Sitz-Position verharrt.

Übung beenden

Das Ende einer Übung zeigen Sie dem Hund an, in dem Sie freundlich „Ok" sagen und ein Leckerchen einige Meter neben den Hund werfen. Daraufhin darf er aufstehen, die Belohnung suchen und kann dadurch auch kurz entspannen. Erst jetzt wird das Training fortgeführt.

Steht der Hund eigenmächtig auf, erhält er kein Futter mehr. Sie drehen sich leicht weg und beachten ihn in den nächsten fünf Sekunden nicht. Tadeln Sie ihn für das Aufstehen nicht, locken Sie ihn auch nicht durch ein vorgehaltenes Leckerchen zurück ins „Sitz". Beides würde der Hund als Belohnung für sein Aufstehen (= Fehler) verstehen. Und Fehler wollen wir keinesfalls belohnen.

Was der Hund gelernt hat

Bello hat nun zwei wichtige Erfahrungen gemacht: Hinsetzen ist toll, dafür bekommt man lauter Leckerchen und mein Mensch ist freundlich – Aufstehen ist doof, denn dann hört der Leckerchen-Regen sofort auf und der Mensch kümmert sich nicht mehr um mich. Hundeerziehung ist im Grunde nur eine Ansammlung von Erfahrungswerten (an verschiedenen Orten und unter verschiedenen Bedingungen). Wiederholen Sie diese Übung auf einer Wiese, in der Nähe einer Straße, im Wald, in der Fußgängerzone, vor Schwiegermutters Kaffeetafel, im Kaufhaus. Üben Sie kurz und mit viel Belohnung. Entlassen Sie den Hund bald wieder zur nächsten Schnupperrunde am Wegesrand beziehungsweise durch den Raum.

Durch die äußerst reichhaltige Belohnung wird sich die Prioritätenliste im Hundekopf ändern. Das Herumschnuppern wird bald weniger wichtig sein als die Kooperation mit dem Menschen – es lohnt sich ja für ihn, wenn er auf Sie achtet und Ihnen folgt. Dies ist unsere erste Lektion: Erreichen Sie beim Hund, dass er unbedingt das Verhalten (im Beispiel das „Sitz") ausführen möchte, um den Leckerchenregen auszulösen.

Hunde sind Körpersprachler. In Lektion eins bedarf es noch keiner Worte.

Reichen Sie Ihrem Hund lieber noch ein weiteres Leckerchen. Streicheln sollte nicht als Belohnung eingesetzt werden.

Lektion zwei: Das Signal

Das Signalwort „Sitz" soll nun für das Verhalten Hinsetzen eingeführt werden. Gehen Sie dazu wieder in die Ausgangssituation zurück und üben Sie an einem ablenkungsfreien, langweiligen Ort. Nehmen wir an, dies wäre der Hausflur. Signalworte werden grundsätzlich nur ein einziges Mal in freundlichem Tonfall gegeben. Anfangs passen wir die Gabe des Hörzeichens noch an das Hundeverhalten an, später wird das Wort immer mehr zum Auslöser des Verhaltens.

„Sitz" im richtigen Moment

Die Leckerchen sind vorbereitet und Bello weiß: „Wenn ich mich gleich setze, bekomme ich die gute Wurst". Und Sie wissen, dass Bello das nun denken wird und können daher mit hoher Wahrscheinlichkeit das Verhalten Ihres Hundes voraussehen: Er wird sich freudig und erwartungsvoll hinsetzen. Genau in diesem Moment, also wenn sich das Hinterteil des Hundes in Richtung Boden zu senken beginnt, sagen Sie einmal freundlich das Wörtchen „Sitz" und reichen Bello die Belohnung, sobald er sich in Sitzposition befindet. Reichen Sie ihm noch eine Belohnung, bevor Sie die Übung mit einem „Ok" beenden. Von nun an beobachten Sie Ihren Hund aufmerksam und sagen jedesmal das Hörzeichen „Sitz", während sich der Hund gerade setzt. Wenn Sie den Augenblick verpassen und der Hund sich schon gesetzt hat, bekommt er einen freundlichen Blick und ein nettes Wort (= Aufmerksamkeit als Belohnung), aber kein Leckerchen.

Ohne Signal kein Leckerchen

Nachdem Sie zwei bis drei Tage lang jeweils 10 Minuten „Sitz" geübt haben, verzichten Sie ab und zu darauf, das Hörzeichen „Sitz" zu geben, während sich der Vierbeiner hinsetzt. Beachten Sie ein Sitz ohne vorheriges Signal nicht mehr. Der Hund lernt jetzt, dass es nur noch etwas gibt, wenn das Verhalten vorher gefragt wurde, nicht, wenn er es anbietet, um ein Leckerli abzustauben. Seien Sie streng mit sich und wiederholen Sie niemals ein Kommando. Es gibt keine zweite Einladung. Sie sparen sich über die nächsten zehn bis 15 Jahre Zigtausende unnötiger Kommandos, wenn Sie Ihrem Hund jetzt angewöhnen, dass er sogleich auf das erste Wort reagieren soll.

Freundlich, aber bestimmt

Geben Sie alle Hörzeichen in einem freundlichen Ton und nicht zu laut. Hunde hören sehr gut und es gibt keinen Grund, sie anzuschreien oder barsch herumzukommandieren. Nur wenn sich die Erziehung angenehm für Mensch und Hund gestaltet, wenn beide Spaß an der gemeinsamen Sache haben, sind Sie auf dem richtigen Wege und werden bald einen aufmerksamen, motivierten Vierbeiner haben. Üben Sie nun an verschiedenen Orten, zu unterschiedlichen Tageszeiten und unter verschiedenen Bedingungen.

Unterschiedliche Abstände

Achten Sie auch darauf, dass der Abstand zwischen Hund und Mensch variiert. Je besser der Hund das „Sitz"-Hörzeichen ausführt, desto weiter entfernt von Ihnen kann er sich aufhalten, wenn Sie ihm das Signalwort „Sitz" geben. So lernt Ihr Hund sich auf Ihr Wort hin hinzusetzen, wo auch immer er sich gerade aufhält. Hat der Vierbeiner das „Sitz" gut ausgeführt, werfen Sie ihm schnell ein Leckerchen zu,

Aufmerksam arbeitet der Hund mit – das Training sollte in freundlich entspannter Atmosphäre stattfinden.

Nur zu gern befolgt der Hund das „Sitz". Erst jetzt, im zweiten Schritt, wird das Hörzeichen eingeführt.

möglichst direkt ins Maul. Kam der Hund auf Sie zu, um sich in Ihrer Nähe hinzusetzen, quittieren Sie dies zwar mit einem freundlichen Wort, belohnen ihn jedoch nicht mit Futter. Er hat es ja im Prinzip „nicht schlecht" gemacht, aber Ihre Anforderung wurde nicht sofort erfüllt. Sie wollten, dass Bello sich unverzüglich hinsetzt, und zwar dort, wo er sich gerade aufhielt. Steigern Sie alle Übungsanforderungen immer in ganz kleinen Schritten, sodass der Hund seine Übungen erfolgreich absolvieren kann. Das erste „Sitz" erfolgt bei Ihnen, nach und nach wird die Distanz von 50 Zentimeter über einen Meter auf zwei oder drei Meter Abstand erhöht. Steigern Sie den Schwierigkeitsgrad kontinuierlich und festigen Sie dadurch den Gehorsam. Bleiben Sie spannend und abwechslungsreich, üben Sie kurz und mit viel Spaß und belohnen Sie Bellos gute Mitarbeit großzügig.

Abwechslung und Ideenreichtum sind gefragt

Lassen Sie sich Zeit zur ausgiebigen Festigung. Achten Sie bei aller Wiederholung jedoch darauf, dass es niemals langweilig oder eintönig für den Hund wird. Gestalten Sie die Übung abwechslungsreich und variieren Sie die Anforderungen. Je besser Ihr Hund das „Sitz" auf Ihr Hörzeichen ausführt, desto abenteuerlicher dürfen die Umstände werden, unter denen Sie das „Sitz"-Signal geben. Lassen Sie ihn auf einem Baumstamm sitzen oder auf einem großen Stein, setzen Sie ihn in einen Laubhaufen, probieren Sie das „Sitz" auch im flachen Wasser, auf einem Gitter oder in einer großen Betonröhre beziehungsweise in einer Unterführung, auf einer Plastikplane oder unter einem flatternden Vorhang. Im Urlaub darf sich der Hund in einer Seilbahn setzen oder in der flachen, auslaufenden Meeresbrandung am Strand. Bleibt er in der Position, auch wenn die Gondel schwankt oder sein Popo plötzlich vom Wasser umspült wird? Geben Sie das Sitz-Signal, wenn Sie sich in einem anderen Zimmer befinden. Ein Helfer gibt sofortige Rückmeldung, ob der Hund sich setzt (große Belohnung) oder das Kommando nicht ausgeführt hat (kurze Pause und erneuter Versuch).

Durch die Lektionen eins und zwei lernt Ihr Hund, dass es sich auf jeden Fall lohnt, Ihr „Sitz"-Signal auszuführen, unabhängig vom Ort oder der Entfernung zueinander.

Stolpersteine überwinden

Lektion drei unseres Übungsplanes gilt nun einmal nicht dem Vierbeiner, sondern Ihnen. Überlegen Sie sich genau, welche Umweltreize Ihren Hund davon abhalten würden, ein „Sitz" auszuführen. Auch die Prioritäten Ihres Hundes sollten Sie kennen: Welche Belohnung ist für das anstehende Ablenkungstraining motivierend genug? Je mehr Abstand Sie zum Stolperstein wahren, desto leichter hat es Ihr Hund, Kommandos auch unter Ablenkung verlässlich zu befolgen.

Was findet er spannender?

Sind das vielleicht andere Hunde, die er noch spannender finden könnte, als Ihr „Sitz"-Signal? Oder würde er sich durch fremde Menschen, Autoverkehr oder Vögel ablenken lassen? Reizen ihn vielleicht die tollen Gerüche am Boden oder das Rascheln im Laub? Notieren Sie sich alle möglichen Stolpersteine und sortieren Sie die einzelnen Punkte entsprechend ihrer Ablenkungsstärke. Der schwierigste Ablenkungsreiz steht ganz oben auf der Liste. Der zweitschwierigste Stolperstein rangiert auf Nummer zwei und so weiter. Lassen Sie sich Zeit beim Erstellen der Liste und scheuen Sie sich nicht, sie immer wieder zu ändern, zu ergänzen und neu anzupassen. Seien Sie exakt und machen Sie möglichst genaue Angaben. Wenn sich Ihr Hund stärker von kleinen, quirligen Artgenossen ablenken lässt als von ruhigen, großen Hunden, dann wären dies bereits zwei getrennte Punkte auf Ihrer Liste.

Abstände einschätzen

Nachdem Sie den ersten Teil der Liste erstellt haben, wollen wir noch einen weiteren Wert auf unserer Stolpersteinliste ergänzen. Überlegen Sie sich, wie weit die Ablenkungsreize entfernt sein müssten, damit Ihr Hund diese zwar noch wahrnimmt, sich aber dennoch für das Futter, also für das Ausführen des „Sitz"-Signals entscheiden würde. Rechnen Sie großzügig.

Im Zweifelsfall veranschlagen Sie lieber einige Meter mehr als auch nur einen Meter zu wenig. Verdoppeln Sie diese Werte. Nun haben Sie den richtigen Trainingsabstand für die anstehende Lektion vier gefunden: „Sitz"-Signal unter Ablenkung, also in Anwesenheit eines Stolpersteines.

▶ Tipp: Gedankenstütze

Schreiben Sie mit einem dicken, roten Filzstift in möglichst großen Buchstaben unter Ihre Stolpersteinliste: „Es muss toller sein, bei mir zu bleiben!"

Bewahren Sie die Liste gut auf. Am besten Sie hängen das Papier an einen Ort, an dem es Ihnen mehrmals am Tag ins Auge fällt.

Lektion vier: „Sitz" unter Ablenkung

Nun sind wir bereit für Lektion vier: Der Hund soll das „Sitz" trotz Stolperstein ausführen. Die Übungen dieser Lektion sollte der Hund grundsätzlich an einer circa fünf Meter langen, leichten Leine ausführen. Die Leine verhindert, dass der Hund wegläuft und sorgt so für Sicherheit, falls er den Ablenkungsreiz doch für interessanter halten sollte, als Sie gedacht

Gezieltes Training unter Ablenkung festigt bereits erlernte Verhaltensweisen, wie hier das „Sitz".

hatten. Wie viel Spielraum der Hund erhält, hängt von der jeweiligen Übungssituation ab. Die restliche Leine hängt einfach am anderen Ende Ihrer Hand zu Boden. Die Leine selbst grenzt lediglich den Bewegungsradius des Hundes ein, soll aber niemals dazu missbraucht werden, um in irgendeiner Art und Weise (durch Leinenruck oder -zug) auf den Hund einzuwirken. Spielen Sie weder „Fisch an der Angel" noch „Pferd an der Longe", sondern achten Sie immer auf eine durchhängende Leine mit lockerem Karabiner. Erhöhen Sie gegebenenfalls den Abstand zum Ablenkungsreiz, bis die Leine garantiert locker bleibt.

Leichter Einstieg

Suchen Sie sich nun einen der leichteren Ablenkungsreize aus und merken Sie sich die geschätzte Entfernung. Nehmen wir an, es handelt sich um den Ablenkungsreiz „fahrende Autos" in der Entfernung von „10 Metern". Das ergibt den nächsten Lernschritt: Sitz auf Signal mit mindestens 20 Metern Entfernung zu den fahrenden Autos. Belohnen Sie Ihren Hund fürstlich, wenn er nicht zu den Autos schaut, sondern brav sein „Sitz" ausführt. Versuchen Sie jetzt, unter dieser Ablenkung möglichst jedes Sitz durch das Hörzeichen „Sitz" als richtig zu markieren und reichlich zu belohnen. Nähern Sie sich den Autos in kleinen Schritten an und belohnen Sie Ihren Hund umso reichhaltiger, je näher die Ablenkung kommt und das „Sitz"-Hörzeichen dennoch ausgeführt wird. Gehen

Sie in kleinen Lernschritten vor. Diese Regel wird immer wichtiger, je schwieriger der Stolperstein ist. Festigen Sie diesen Schritt über mehrere Tage.

Überfordern Sie ihn nicht

Vergrößern Sie ohne weiteren Kommentar den Abstand zum Stolperstein, falls Ihr Vierbeiner zu abgelenkt ist. Nun sollte er es wieder schaffen und das Hörzeichen „Sitz" willig ausführen – große Freude und viel Belohnung. Gönnen Sie sich innerhalb der Übungen auch rechtzeitig eine Verschnaufpause und üben Sie zwischendurch unter leichteren Bedingungen beziehungsweise ganz ohne Stolperstein. Das Ziel ist erreicht, wenn der Hund sich auch in direkter Nähe zu Stolpersteinen sofort auf Ihr Signal hinsetzt.

Auf zum nächsten Stolperstein

Nun kommt der nächste Stolperstein an die Reihe. Vielleicht steht nun „Kinder" in Entfernung von „30 Metern"auf Ihrer Liste. Verlagern Sie Ihren Trainingsort in die Nähe eines Spielplatzes oder einer Schule und halten Sie einen Abstand von mindestens 50 Metern ein. Je zuverlässiger sich Ihr Hund setzt, obwohl Kinder in der Nähe sind, desto geringer wird die Distanz.

Training nach Plan

Üben Sie einen Stolperstein nach dem anderen. Wiederholen Sie ab und zu die vorherigen Übungseinheiten. Gehen Sie sorgfältig dabei vor und planen Sie die Erziehung Ihres Hundes gut, dann bauen Sie einen zuverlässigen Gehorsam auf.

In Lektion vier lernt der Hund immer und überall zu gehorchen.

Kopf hoch – wenn's mal schiefläuft

Wenn Sie das Training auf diese Art durchführen, sind „Fehler" größtenteils ausgeschlossen. Passiert es doch einmal, dass Bello einem Ablenkungsreiz erliegt und mehr Interesse an anderen Hunden zeigt, dann tadeln Sie ihn nicht. Meist hilft es schon, wenn Sie für mehr Abstand zwischen Hund und Stolperstein sorgen. Ein gutes Team hält auch in schweren Zeiten zusammen. Analysieren Sie die Situation und üben Sie beharrlich durch das Problem hindurch.

Situation analysieren

Wiederholen Sie Ihr Signalwort möglichst nicht, wenn Bello nicht gehorchen konnte. Überlegen Sie zunächst, wie Sie die Situation so verändern könnten, dass sich der Hund wieder für Sie entscheidet. Vergrößern Sie den Abstand zu den ablenkenden Reizen (im Beispiel fremde Hunde) deutlich oder erhöhen Sie die Futterbelohnung drastisch. Ärgern Sie sich nicht über Ihren Vierbeiner. Sie haben die Situation nicht richtig eingeschätzt und/oder die Trainingsanforderung in zu großen Schritten gesteigert.

Das ist kein Beinbruch und passiert auch erfahrenen Hundetrainern einmal. Kopf hoch! Versuchen Sie einfach, diesen Fehler künftig zu vermeiden, indem Sie zunächst wieder einen größeren Abstand zum betreffenden Stolperstein einnehmen. Gehen Sie bei Bedarf beliebig viele Schritte auf dem Übungsplan zurück und bauen Sie den Ablenkungsreiz „fremde Hunde" noch einmal ganz neu auf. Haben Sie keine Angst vor Fehlern – sie gehören zum Lernen dazu. Wichtig ist, dass Sie und Ihr Hund nie die Freude am gemeinsamen Training verlieren und dass Ihr Hund Ihnen immer und in jeder Situation vertrauen kann.

Andere Signale kommen hinzu

Andere Gehorsamsübungen kommen nun hinzu. Der Übungsaufbau erfolgt wie bei Beispielübung „Sitz" in den Lektionen eins bis vier. Der Hund soll lernen, sich auf das Signal „Platz" hinzulegen, auf „Steh" ruhig stehen zu bleiben, auf „Fuß" an der linken Seite seines Menschen zu gehen, bei „Hand" auf der rechten Seite mitzutrotten, auf „Komm" schnell herbeigeflitzt zu kommen und so weiter. Wie Sie diese Verhaltensweisen Ihrem Hund leicht vermitteln, wird im Kapitel „Basisübungen" genau beschrieben. Die Lektionen eins bis vier festigen die Zuverlässigkeit der jeweiligen Übungsausführung und bilden quasi Ihre „Hausaufgabe" zu jedem einzelnen Kommando.

Gehorsam in Anwesenheit von Spielkameraden ist besonders schwierig. Jetzt hat der schwarze Rüde einen Jackpot verdient.

Blödsinn wird ignoriert

Während des Trainings, aber auch im Alltag kommt es immer wieder vor, dass der Hund lästige Ideen entwickelt. Von den meisten unerwünschten Verhaltensweisen kann man ihn rasch wieder abbringen, in dem man diese ignoriert. Kommt der Hund beispielsweise auf die Idee, an Ihnen hochzuspringen, reagieren Sie nicht darauf. Schauen Sie den Hund nicht an, tadeln Sie ihn nicht, ärgern Sie sich auch nicht über ihn. Jegliche Regung von Ihrer Seite würde der Vierbeiner als Belohnung auffassen, denn er konnte eine Reaktion erzielen. Erstarren Sie sozusagen zu Eis. Denken Sie an Ihren letzten Urlaub und nehmen Sie innerlich wie äußerlich eine Haltung völligen Desinteresses ein. Durch die Reaktionslosigkeit wird der Hund schnell lernen, dass er durch Hochspringen rein gar nichts erreichen kann. Keine Aufmerksamkeit, keine Zuwendung und schon gar kein Futter – die pure Langeweile bricht aus, wenn man Menschen anspringt. Verbleiben Sie mindestens fünf Sekunden regungslos. Je nach „Schwere des Vergehens" ignorieren Sie den Hund höchstens 10 Sekunden. Auch wenn das Vorgehen unspektakulär erscheint, ist es doch ein eindeutiges Zeichen für den Hund, den „Quatsch" zu unterlassen. Springt Bello wieder an uns hoch, ignorieren wir ihn erneut. Nach wenigen Versuchen unterlässt der Hund seine Versuche, denn das Hochspringen verbraucht Energie und verspricht keinen Gewinn.

Durchläuft der Hund eine schwierige Phase, können Sie übergangsweise zurück zu Lektion eins gehen.

Auszeit für Hunde-Rambos

Ignorieren Sie ein unerwünschtes Verhalten über viele Tage hinweg konsequent, ohne dass sich eine Besserung zeigt, sollten Sie kritisch Ihre (innere und äußere) „Ignoranz" überprüfen. Offensichtlich reagiert doch irgend etwas in oder an Ihnen auf dessen Hochspringen und dadurch bleibt die Idee „Hochspringen ist erfolgreich" lebendig. Lernen Sie, Ihren Hund hundertprozentig zu ignorieren, wenn er etwas Unerwünschtes ausprobiert. Wird Ihr Hund immer heftiger und Sie haben das Gefühl, das unerwünschte Verhalten wird eher stärker (oder Sie fühlen sich zu sehr bedrängt), dann brechen Sie die Übungseinheit für einen Moment ab. Verlassen Sie mit bedächtigen Bewegungen und gefasstem Gemüt den Raum, der Hund bleibt zurück. Schließen Sie die Tür. Kurze Auszeit. Hat sich der Vierbeiner beruhigt, darf er nach einigen Minuten wieder zu Ihnen. Sehen Sie das Verlassen des Raumes nicht als Niederlage Ihrerseits. Soziale Wesen wie Hunde registrieren es sehr wohl, wenn sich der andere von ihnen distanziert. Diese Art von Sozialentzug sehen wir auch unter Hunden, wenn die souveränen, ranghohen Tiere nicht auf Provokationen einsteigen, sondern einfach abdrehen und von der Gruppe weggehen.

Gemeinsame Basis finden

Geübt wird erst wieder am nächsten Tag und zwar auf einem leichteren Level. Halten Sie die nächste Trainingssequenz bewusst kurz und belohnen Sie den Hund zunächst für das „am Boden bleiben" – so kommen Sie schnell wieder auf eine gute Basis. Ein Lernprozess kann nicht immer nur aufwärts führen, auch der eine oder andere Rückschritt gehört dazu. Sehen Sie es gelassen, es wird auch bald wieder aufwärts gehen.

Ideen umlenken

Neigt der Hund dazu, Kinder anzuspringen, sollten Sie ihm rechtzeitig – bevor er hochspringt – ein „Sitz"-Signal geben. Seien Sie sehr aufmerksam und lenken Sie sein Bestreben, das Kind anzuspringen, frühzeitig in ein „Sitz" um. Als Erwachsener sind Sie dafür verantwortlich, die Situation unter Kontrolle zu haben. Dazu gehört auch, wilde Kinder freundlich zu einem ruhigerem Verhalten in Gegenwart des Hundes anzuhalten, um ihn nicht zusätzlich zu animieren.

Ignoranz und Umweltmanagement

So heißen die zwei Gegenpole zur Belohnung. Durch Nichtbeachtung verlieren sich viele unerwünschte Verhaltensweisen. Ist ein Spaßfaktor im unerwünschten Verhalten eingebaut, hilft häufig schon das Anleinen des Hundes oder ein vorbeugendes Wegräumen von Objekten, um Flausen gar nicht erst aufkommen zu lassen. Achten Sie auf alle drei Erziehungskomponenten, wechseln Sie flexibel zwischen den Elementen – reagieren Sie immer schnell und klar.

Selbstbelohnende Verhaltensweisen

Das Ignorieren unerwünschter Verhaltensweisen ist ein wichtiger Baustein eines tierschutzgerechten Erziehungskonzeptes. Es gibt jedoch Situationen, in denen das Ignorieren des Hundes unwirksam ist. Das sind alle sogenannten „selbstbelohnenden Verhaltensweisen". Dazu zählen alle Tätigkeiten, die dem Hund Spaß machen, beispielsweise Buddeln, Schnuppern, Jagen, mit anderen Hunden spielen, aber auch mit anderen Hunden raufen, Teppiche/Schuhe annagen und so weiter. Bei der Ausführung dieser Aktivitäten entfaltet sich im Hund ein zutiefst angenehmes, befriedigendes Gefühl. Das bedeutet, bereits die Tätigkeit an sich hat einen belohnenden Charakter für Hunde. Daher kommen wir in solchen Momenten mit Ignorieren nicht weiter, im Gegenteil. Je länger der Hund diesen Verhaltensweisen nachgehen kann, desto höher wird der Belohnungsfaktor und bald wird das Buddeln, Jagen, Nagen und so weiter zur regelrechten Sucht. Immer wieder wird Bello dieses positive Empfinden suchen und umso schwieriger wird es für uns, ihn wieder davon abzubringen. Selbstbestärkende Verhaltensweisen müssen von uns sofort erkannt und vorbeugend durch entsprechendes Umweltmanagement (aufräumen, anleinen und so weiter) verhindert werden, damit es gar nicht erst zur Sucht werden kann.

Ablenkungen als Belohnung

Natürlich darf Ihr Vierbeiner beim Spaziergang ausgiebig nach neuesten Nachrichten stöbern. Bekommt er allerdings ein Signal, zum Beispiel „Sitz", erwarten wir eine sofortige Ausführung. Er muss das Schnuppern unterbrechen und unserer Weisung folgen. Gehorcht Bello und setzt sich brav, darf er sogleich weiterschnuppern. Schicken Sie ihn regelrecht zu

Lenken Sie Tendenzen zum Jagdverhalten rechtzeitig um, zum Beispiel durch eine gemeinsame Futtersuche, leinen Sie den Hund vorsorglich an.

der interessanten Duftquelle am Boden oder Baum, wenn er Ihr „Sitz"-Signal gut befolgt hat. „Mensch, Hund...", denkt Bello sich dann, „...wenn ich gut auf meinen Menschen höre, darf ich gleich wieder meinen eigenen Bedürfnissen nachgehen – toll!" Gehorcht der Vierbeiner jedoch nicht, stellt seine Ohren auf Durchzug und schnuppert munter weiter, nachdem Sie ihm das „Sitz"-Hörzeichen gegeben haben, müssen Sie sofort eingreifen: Keine Sekunde länger darf er schnuppern (weil sich dies belohnend auf seinen Ungehorsam auswirken würde). Nehmen Sie die Leine etwas kürzer und führen Sie den Hundekopf sanft, aber bestimmt von der Geruchsquelle weg, um das Schnuppern zu unterbrechen. Nach einigen Sekunden „Pause zum Nachdenken" geben Sie ihm eine neue Chance. Wieder darf er ein „Sitz" ausführen – befolgt er Ihre Weisung, schicken Sie ihn mit einem „Ok" direkt zum Schnuppern.

Buddeln hat den Spaßfaktor schon eingebaut – hier hilft Ignorieren nicht.

Wie hoch ist der Spaßfaktor?

Um zu unterscheiden, welches unerwünschte Verhalten sich durch striktes Ignorieren abtrainieren lässt oder ob ein vorausschauendes Umweltmanagement erforderlich ist, überprüfen Sie den Spaßfaktor des unerwünschten Verhaltens.

Hierzu ein Beispiel: Während Sie telefonieren, springt der Hund immer wieder an Ihnen hoch. Dieses unerwünschte Verhalten wird sich bei striktem Ignorieren von selbst erledigen, da das Hochspringen an sich keinen Spaß macht (Hochspringen ist kein selbstbelohnendes Verhalten). Stibitzt Bello während Ihres Telefonats einen Schuh und beginnt, diesen genüsslich anzuknabbern, wäre Ignorieren die falsche Methode. Das Knabbern an sich macht dem Hund nämlich Spaß (Schuhe knabbern ist also ein selbstbestärkendes Verhalten). Der Spaßfaktor des unerwünschten Schuhenagens nimmt zu, wenn Sie nun schimpfend hinter Ihrem Hund herlaufen und versuchen, ihm den Schuh abzujagen. Tauschen Sie den Schuh ohne viel Aufhebens gegen ein Leckerchen ein. Da Schuheknabbern jedoch selbstbelohnend ist, müssen wir durch vorausschauendes Umweltmanagement (= Wegräumen der Schuhe) verhindern, dass der Hund auf die Idee kommt, immer wieder Schuhe zu stibitzen.

Hätten Sie ein zweijähriges Kind im Haus, wäre das Wegräumen wertvoller Gegenstände obligatorisch, oder nicht?

Alternativen bieten

Zeigen Sie Ihrem Hund, was Sie von ihm wünschen. Nehmen Sie sich Zeit für die Erziehung „heikler" Punkte wie Schuhe nagen, Essen stibitzen oder Weglaufen. Sorgen Sie bewusst für ausliegende Schuhe oder niedrig platziertes Essen, wenn Sie Zeit und die Möglichkeit haben, Ihren Hund zu überwachen. Nähert er sich den Schuhen, dem Essen oder ähnlich Verbotenem an, lenken Sie ihn genau in dem Moment, in dem er sich auf das Objekt zubewegt, durch einen ungewohnten Laut, zum Beispiel ein Zischen ab. Schaut sich Bello erstaunt nach dem Geräusch, also zu Ihnen, um, geben Sie ihm eine echte Alternative wie „Komm zu mir" und er wird sein ursprüngliches Vorhaben zumindest für einen Moment vergessen. Wiederholen Sie dieses Umlenken immer wieder, damit der Hund die Alternative anzunehmen lernt.

▶ Tipp: Planen und vorausschauen

Umweltmanagement bedeutet für den Hundebesitzer vor allem Planen und Vorausschauen. Legen Sie Speisen außer Reichweite Ihres Vierbeiners, räumen Sie Schuhe in den Schuhschrank, leinen Sie Ihren Hund rechtzeitig an, wenn Kinder, fremde Hunde oder Autos ihn zum Weglaufen verleiten könnten – kurz und knapp: Verhindern Sie durch gutes Management, dass sich Ihr Hund im Alleingang vergnügen kann.

Statische Übungen Sitz, Platz, Steh

Bauen Sie die Übungen systematisch nach den Lektionen eins bis vier auf. In welcher Reihenfolge Sie die einzelnen Übungen einführen ist egal. Nehmen Sie sich pro Tag ein bis zwei Übungen vor, wechseln Sie ab, halten Sie die Übungseinheiten kurz und abwechslungsreich und belohnen Sie Ihren Hund großzügig. Trainieren Sie immer mal wieder einige Minuten über den Tag verteilt. Das Training soll dem Hund (und Ihnen) Freude machen.

Die magnetische Hand

Nehmen Sie einige Leckerchen in die Hand und schließen Sie sie zur Faust. Halten Sie die Futterhand (= „magnetische Hand") direkt vor die Nase Ihres Hundes. Wenn er interessiert daran schnuppert, bekommt er ein Leckerchen, danach schließen Sie Ihre Hand wieder. Immer wenn die Hundenase Ihre Hand berührt, zaubern Sie ein Leckerchen hervor. Beginnen Sie, die Hand langsam hin- und herzubewegen, sodass er mit seiner Nase folgen kann. Halten Sie Ihre Hand ungefähr in Kopfhöhe des Hundes, er soll sich nicht nach oben strecken.

Mit der „magnetischen Hand" schulen wir den Hund darauf, besonders auf unsere Handzeichen zu achten.

Folge der Hand

Vollführen Sie unterschiedliche Bewegungen, Kreise, vorwärts- und rückwärts, eine etwas höhere und etwas tiefere Handführung – die Hundenase soll direkt an Ihrer Hand sein. Machen Sie ein Spiel daraus und belohnen Sie den Hund immer wieder, wenn er der „magnetischen Hand" folgt. Sollte er die ganze Hand ins Maul nehmen oder daran knabbern, ignorieren Sie sein Verhalten und sorgen dafür, dass in diesem Moment kein Leckerchen durch Ihre Finger rutscht. Nur wenn der Hund brav mit der Nase folgt, ohne „abbeißen" zu wollen, rutscht ein um das andere Leckerchen in seinen Mund. Bald wird der Hund bereitwillig der magnetischen Hand folgen: Künftig entwickeln sich alle Sichtzeichen daraus.

Einsatzgebiete

Die magnetische Hand ist gut einsetzbar, um einen Hund zügig über die Straße zu führen, ihn an einem anderen Hund beziehungsweise an Spaziergängern vorbeizulotsen oder ihn von einem interessanten Mauseloch wegzuführen. Wann immer Sie Ihren Hund dicht bei sich führen wollen oder müssen, bietet eine gut eingeübte magnetische Hand wertvolle Dienste. Überprüfen Sie das Futterangebot in Ihrer magnetischen Hand, falls der Vierbeiner nur wenig Interesse daran zeigt. Erhöhen Sie Menge und Qualität der Leckerchen, um einen möglichst starken „Magnetismus" zwischen Hand und Hundenase zu erhalten.

„Sitz"

Siehe Seite 50. Der Hund soll sich hinsetzen und in dieser Position bleiben, bis Sie die Übung mit einem „Ok" für beendet erklären.

„Platz"

Beim „Platz" soll sich der Hund hinlegen und in dieser Position bleiben, bis Sie die Übung für beendet erklären. Nehmen Sie dazu einige Leckerchen in die Hand. Mit dem Daumen halten Sie die Belohnungshappen fest, während Sie mit der flachen Hand (Handrücken nach oben) auf den Boden zeigen. Der Hund soll sich nun überlegen, wie er an die Leckerchen herankommen kann. Vielleicht beginnt er, an der Hand zu kratzen oder versucht mit der Schnauze die Hand nach oben zu heben. Vielleicht setzt er sich ratlos vor die Hand oder zeigt diverse andere Verhaltensweisen. Sie ignorieren alles, sind jedoch weiterhin aufmerksam und beobachten den Hund gut. Sicher wird sich der Hund irgendwann mal hinlegen. Genau in diesem Moment drehen Sie die Hand um, lassen den Hund die Leckerchen fressen und freuen sich mit ihm über seinen Lernschritt. Das „Sesam-öffne-Dich" ist also das Hinlegen, lernt der Hund nach wenigen Wiederholungen. Nun wird er sich immer schneller hinlegen, wenn er Ihr Handzeichen für „Platz" sieht, bis es bald ganz selbstverständlich wird.

„Bleib"

Im nächsten Schritt soll der Hund liegen bleiben, auch wenn Sie sich kurz erheben. Um die Zeitdauer des Liegenbleibens zu erhöhen, belohnen Sie den Hund immer wieder durch einen Leckerbissen, den Sie direkt zwischen seine Pfoten auf den Boden legen. Die Übung wird erst dann durch ein „Ok" beendet, wenn der Hund ruhig und abwartend liegen bleibt.

„Steh"

Bei „Steh" soll der Hund ruhig auf allen vier Pfoten stehen bleiben und warten, bis Sie die Übung für beendet erklären. Nehmen Sie dazu einige Leckerchen in die Hand. Der Daumen hält die Happen fest, während Sie die flache Hand (Handfläche zum Hund) direkt vor seine Nase halten. Halten Sie die Hand so, dass sich der Hund ruhig hinstellt. Genau in dem Moment gibt der Daumen das Leckerchen frei und der Hund darf es fressen. Im nächsten Schritt soll er lernen, auch dann stehen zu bleiben, wenn die futterlose Hand das Zeichen gibt. Nach einigen Wiederholungen kann sich die futterlose Hand auch für ein paar Sekunden entfernen. Bewegen Sie dabei Ihre Hand so schnell von der Hundenase weg und wieder zurück, dass er dabei stehen bleibt. Belohnen Sie ihn fürs Stehenbleiben, indem Sie ihm immer wieder mit der anderen Hand ein Leckerchen reichen.

Eine klare Körpersprache unterstützt die Hörzeichen. Die flache Hand nach unten zeigt das „Platz" an ...

... die geöffnete Handinnenfläche ermuntert zum „Steh".

Übungen im Fluss – Fuß und Hand

Nun soll der Hund lernen, seinen Bewegungsablauf zeitweilig an den des Menschen anzupassen. Er soll neben uns gehen, wenn wir anderen Spaziergängern begegnen und den Leinenradius einhalten, auch wenn er beim Gassigehen schnuppert und stöbert. Mittels „Fuß"- und „Hand"-Signal können wir allerhand Alltagssituationen geordnet meistern. Auch wenn es einfach aussieht, diese Übungen sind für den Hund ganz schön anstrengend.

„Fuß"

Der Hund soll auf der linken Seite des Menschen mitgehen und sich dabei dem Tempo des Zweibeiners anpassen. Nehmen Sie dazu einige Leckerchen in die linke Hand und schließen Sie die Hand zur Faust. Während Ihr Hund neugierig an Ihrer („magnetischen") Hand schnuppert, setzen Sie sich in Bewegung und führen ihn auf Ihrer linken Seite. Folgt Ihnen der Hund willig, bekommt er ein Leckerchen nach dem anderen zugesteckt. Verlässt der Hund seine Position an Ihrer Seite, wenden Sie sofort ab und gehen in eine andere Richtung. Es ist seine Aufgabe, Ihnen zu folgen – nicht umgekehrt. Schließt er sich wieder an, belohnen Sie ihn großzügig für jeden Schritt, den er „bei Fuß" geht.

Hörzeichen einführen

Erst wenn der Vierbeiner die Übung versteht und Freude daran findet, ist Zeit, das Hörzeichen einzuführen. Dazu locken Sie den Hund mit der magnetischen (linken) Hand in die Fuß-Position, sagen Sie freundlich das Signalwort „Fuß" und füttern Sie ihm unmittelbar danach ein Leckerchen. Wiederholen Sie das einige Male, damit der Hund Folgendes lernt: „Das Wort ‚Fuß' bedeutet, dass ich mich an der linken Seite meines Menschen befinde und Futter erhalte."

Beenden Sie die Übung mit einem „Ok", wenn der Hund einige Schritte vorbildlich an Ihrer linken Seite mitgegangen ist.

Ismo geht begeistert auf der linken Seite im „Fuß" mit.

„Hand"

Ziel der Übung: Der Hund geht an der rechten Seite des Menschen und passt sich dabei immer dem Tempo an. Nehmen Sie einige Leckerchen in die rechte Hand und führen Sie die Übung analog zum „Fuß"-Gehen durch, allerdings auf Ihrer rechten Körperseite.

Mit und ohne Leine üben

Die Fuß- beziehungsweise Handübung sollten Sie sowohl mit als auch ohne Leine trainieren. Zu Hause, im Garten oder beim Spaziergang, wenn keinerlei Ablenkungen vorhanden sind, verzichten Sie auf die Leine, in Verkehrsnähe, im Wald oder unter Ablenkung wird sie eingesetzt. Wenn der Hund begriffen hat, dass es sich lohnt, bei Fuß beziehungsweise Hand zu

gehen, gestalten Sie die Übung immer abwechslungsreicher. Variieren Sie das Tempo von langsam zu schnell. Gehen Sie Schlangenlinien, nutzen Sie natürliche Hindernisse wie Bäume für einen kurzen Slalom und kombinieren Sie bereits gelernte Übungen, wie „Sitz" mit dem Fuß-bzw. Hand-Training. Seien Sie kreativ und sorgen Sie für Abwechslung, um den Hund zu motivieren. Belohnen Sie ihn großzügig.

Langsam steigern

Zunächst reicht es, wenn der Hund drei bis zehn Schritte Fuss/Hand an Ihrer Seite geht. Im Laufe der Zeit fordern Sie längere Sequenzen von ihm. Nach einigen Tagen wird das Signal eingeführt. Nun muss der Hund nach dem Hörzeichen „Fuß"/„Hand" zunächst noch einige Schritte auf der entsprechenden Seite gehen, bevor er ein Leckerchen bekommt.

> ### ▶ Tipp:
> ### Ganz schön anstrengend
>
> Das Fuß- beziehungsweise Handgehen ist ganz schön anstrengend für den Hund. Er muss sich während der gesamten Übungszeit konzentrieren und sein Tempo drosseln. Daher sollten Sie diese Übung nur gezielt einsetzen, wenn es sinnvoll ist, zum Beispiel beim Überqueren einer Straße, wenn Sie an Spaziergängern vorbeigehen oder auf anderen kürzeren Strecken.

Futterlotto

Füttern Sie spontan und ohne erkennbares Muster. Spielen Sie Futterlotto: Sie könnten jeden Moment ein Leckerchen herausrücken, allerdings bleibt ungewiss, wann der Hund Glück hat. Belohnen Sie ihn ab und zu überraschend früh und fordern Sie zwischendurch wieder längere Strecken von ihm – der Hund soll nie wissen, wann der große Moment des Leckerchenregens beginnt. Das erhöht die Spannung und erhält die Hoffnung auf eine Gewinnausschüttung. Eben wie beim Lotto!

Abschalten

Ansonsten darf sich Bello an einer ca. zwei Meter langen Leine, seinen Weg selbst aussuchen, die Seiten wechseln, vor- oder zurückgehen, Schnuppern und zwischendurch seinen Gedanken nachhängen – sofern die Leine dabei locker bleibt.

Ein Wechseln auf die rechte Körperseite („Hand") macht die Übung für den Hund abwechslungsreich und spannend.

An der lockeren Leine

Alle Hunde sollten lernen, an lockerer Leine zu gehen, ganz egal, ob es ein Riese oder ein kleiner Hund ist. Denn das schont Wirbelsäule und Kehlkopf des Hundes und auch Ihre Arme und Schultern. Außerdem ist es ein schönes Zeichen von guter Verbundenheit – im wahrsten Sinne des Wortes – wenn sich Mensch und Hund im Gleichklang bewegen. Die „Stop-and-Go"-Methode ist wirksam und wird bei richtiger Anwendung innerhalb weniger Tage vom Hund verstanden.

Leine und Brustgeschirr

Ob ein Hund an der Leine zerrt oder den Leinenradius respektiert und einhält, hängt nicht von der Anbindevorrichtung ab. Kennen Sie nicht auch die bemitleidenswerten Geschöpfe, die hechelnd und würgend am strammgezogenen (Stachel- oder Ketten-)Halsband vorwärts stürmen und ihren Menschen regelrecht hinterherziehen? Das muss nicht sein.

Für die nächste Übung brauchen Sie ein gut sitzendes Brustgeschirr und eine circa zwei Meter lange Leine mit Handschlaufe und stabilem Karabiner. Da die Leine ab und zu am Boden schleifen wird, empfiehlt sich eine aus robustem Nylon.

Beim Spaziergang an der Leine darf der Hund beliebig kreuz und quer gehen, auch vorlaufen und zurückbleiben ...

Die Motivation

Zu Beginn des Leinentrainings wird mit Leckerchen und Bewegung belohnt. Es empfiehlt sich, bereits vom ersten Tag an zu üben, egal ob Welpe oder älterer Hund, denn Ihr Hund wird immer wieder an der Leine gehen müssen und da ist es für beide Seiten angenehm, wenn es funktioniert. Rüsten Sie sich mit tollen Leckerchen aus und starten Sie.

Armhaltung und Leinenlänge

Gewöhnen Sie sich an, die Leine an der Handschlaufe zu halten und entscheiden Sie sich für eine Armhaltung: Entweder hängt Ihre Hand, die die Leine führt, nach unten oder Sie

... so lange die Leine locker bleibt. Schnuppern zu dürfen, ist eine wichtige Belohnung beim Leinentraining.

halten Ihren Arm angewinkelt vor Ihren Bauch. Benutzen Sie immer dieselbe Leine und dieselbe Armhaltung, denn nur so bleibt der Leinenbereich, also der Raum, den der Hund frei nutzen darf, konstant. Hunde sind räumlich denkende Wesen und wissen auf den Zentimeter genau, wo ihre Grenzen sind. Verändern wir jedoch unsere Arm- beziehungsweise Leinenhaltung ständig, raffen die Leine in Schlaufen hoch oder benutzen immer wieder eine andere Leinenlänge, kann er nur schwer erfassen, wie viel Raum ihm zur Verfügung steht und er wird dadurch immer wieder aus Versehen die Leine straffen.

Leinenindikator

Nun nehmen Sie einige Leckerchen in die leinenfreie Hand und lassen immer wieder eines davon neben sich auf den Boden fallen und gehen los. Ideal ist es, wenn der Hund sofort beginnt, nach den Leckerchen zu suchen. Natürlich muss jedes Leckerchen innerhalb des Leinenbereiches liegen und vom Hund an lockerer Leine erreicht werden können. „Lockere Leine" bedeutet, dass der Karabinerhaken nach unten hängt. Achten Sie immer wieder auf den Karabiner der Leine, er ist Ihr Indikator für „locker" oder „straff". Beschäftigen und belohnen Sie den Hund innerhalb des Leinenradius, indem Sie überraschend Leckerchen auf den Boden fallen lassen. Dadurch lernt der Hund, dass es sich für ihn lohnt, innerhalb des Leinenradius zu bleiben.

Zeitung lesen

Natürlich interessiert sich Ihr Hund auch für Gerüche und möchte die „neuesten Nachrichten" an Bäumen, Sträuchern oder auf Wiesen erschnuppern. Beobachten Sie ihn gut und gehen Sie bereitwillig auf seine Wünsche ein, solange der Karabiner nach unten hängt und die Leine locker bleibt. Gerüche wirken in hohem Maße belohnend auf Hunde. Hunde werden nicht umsonst als Nasentiere bezeichnet. „Schnuppern dürfen" ist daher eine der wirksamsten Belohnungen für Hunde. Daraus ergibt sich auch der Umkehrschluss: Strafft sich die Leine, darf Bello keine Sekunde lang schnuppern! Hat er sich einen Duft mit Gewalt erobert, indem er den Leinenradius durch Zerren missachtet hat, unterbinden Sie das Herumstöbern sofort. Führen Sie ihn sanft aber bestimmt (und vor allem schnell) von der begehrten Stelle weg. Erst wenn die Leine locker ist, darf er schnuppern.

Gehen, stehen, umdrehen

Mäßigt der Hund sich und hält die Leine locker, erlauben Sie ihm zu schnuppern – versucht er durch Zerren, schneller dorthin zu kommen, drehen Sie einfach um und gehen bewusst in die entgegengesetzte Richtung. Ist der Hund lediglich unaufmerksam und strafft die Leine (ohne zu einer bestimmten Stelle zu streben), dann bleiben Sie im selben Moment wie angewurzelt stehen, sobald sich der Karabiner aufstellt. Aus dem Wechselspiel von „Stop and Go" wird der Hund bald lernen, dass die lockere Leine sein Schlüssel zum Erfolg ist. Er wird es als seine Aufgabe erkennen, darauf zu achten, dass kein Zug entsteht. Ihre Aufmerksamkeit ist ebenfalls gefordert, um schnell zu reagieren: Wo möchte Bello schnuppern? Darf er, weil die Leine locker ist, oder darf er nicht, weil er zieht?

Darf ich schnuppern?

Bald kommt der Tag, an dem Ihr Hund versucht, Ihnen eine interessante Geruchsquelle anzuzeigen. Entweder verlangsamt er die Gangart oder sieht sehnsüchtig zu der Stelle, die ihn lockt. Er „fragt" quasi brav an, ob er hier nicht „...ganz kurz schnüffeln dürfte?" Dieser Moment ist sehr wichtig, da der Hund erstmals bewusst versucht, seine Erfolgsstrategie „lockere Leine" einzusetzen. Übersehen Sie seine Frage nicht und belohnen Sie ihn unbedingt, indem Sie mit ihm dorthin gehen. Ja, Sie dürfen sogar dort noch einige Leckerchen fallen lassen.

Kommst du – oder kommst du nicht?

Wenn es für Ihren Hund angenehm ist, in Ihrer Nähe zu sein, wird er gern zu Ihnen kommen. Um ihm den Aufenthalt an Ihrer Seite im wahrsten Sinne des Wortes „schmackhaft" zu machen, belohnen Sie jedes Herankommen, auch jedes Herschauen oder Herhören sofort durch ein freundliches Wort und so oft wie möglich durch ein Leckerchen. Wie bei jedem anderen Signal auch, passen wir unser Hörzeichen anfänglich dem bereits stattfindenden Verhalten an.

„Komm"

Lernen Sie, auf Ihren Hund zu achten – nur so können Sie seine häufigen Kontaktanfragen schnell und positiv beantworten. Dreht er ein Ohr in Ihre Richtung oder schaut er zu Ihnen hinüber? Bald können Sie feststellen, dass der Hund ein regelrechtes Spiel daraus macht, durch fortwährendes Herkommen versucht, möglichst viele Leckerchen abzustauben. Prima – dies ist der erste und wichtigste Grundstein für ein zuverlässiges Herankommen. Sobald Sie erkennen, dass sich der Hund auf den Weg zu Ihnen macht, rufen Sie ihn fröhlich mit Namen und „Komm". Gehen Sie einige Schritte rückwärts und bieten Sie ihm auf der flachen Hand ein Leckerchen an.

Das „Komm" soll dem Hund viel Freude bereiten. Die Schleppleine sichert das Training ab.

▶ Tipp: Rufen, wenn er eh schon kommt

Vergessen Sie nicht: Erst wenn der Hund auf dem Weg zu Ihnen ist, erfolgt das Hörzeichen „Bello, komm!" Versuchen Sie in den ersten Erziehungsmonaten keinesfalls, ihn heranzurufen, wenn er gerade mit Artgenossen spielt oder intensiv am Boden schnuppert. Er wäre zu abgelenkt und hätte wenig Motivation, seine tolle Beschäftigung zu beenden.

Die Sache mit den Störenfrieden

Stellen Sie sich vor, Sie lesen gerade ein spannendes Buch und plötzlich ruft Sie jemand. Zunächst würden Sie den Ruf vielleicht gar nicht wahrnehmen, weil Sie so vertieft und konzentriert sind. Werden Sie immer wieder gerufen, dann registrieren Sie das nach einiger Zeit, empfinden es aber als höchst störend. „Ich habe jetzt keine Zeit!" denken Sie vielleicht, ärgern sich über den Störenfried und lesen weiter. Ganz ähnlich empfindet auch unser Hund, wenn man ihn von einem spannenden Geruch oder dem Kontakt mit einem anderen Hund abrufen will. Stellen Sie sich vor, der Störenfried von vorhin erzählt Ihnen, dass er eine Million gewonnen habe und uns die Hälfte davon abgibt, wenn wir ihn besuchen kommen.

Dafür unterbrechen wir doch gern unsere spannende Lektüre, oder nicht? Plötzlich verschieben sich die Prioritäten: „Also, wenn das so ist – ich bin schon auf dem Weg!", denken Sie in freudiger Erwartung auf die Summe.

One Million Dollar, Baby

„Eine halbe Million" für Hunde könnte eine Handvoll Leckerchen bedeuten oder aber die leckere Leberpaste, die es nur ganz exklusiv für besondere Situationen gibt. Probieren Sie aus, was für Ihren Hund den ultimativen Lottogewinn darstellt. Seien Sie kreativ und großzügig, wenn Sie Ihren Hund beim Spaziergang belohnen. Und belohnen Sie ihn draußen sehr häufig.

Hat er zigmal die Erfahrung gemacht, dass er zum Besitzer läuft, während er den Ruf hört, wird das Hörzeichen „Bello, komm!" bald zum zuverlässigen Signal und Verhaltensauslöser.

„Bleib"

Es ist sehr angenehm und erleichtert das Hundehalterleben ungemein, wenn der Hund einen zugewiesenen Platz auch ohne Leine zuverlässig einhält. Üben Sie zunächst an einer dünnen, circa zwei Meter langen Leine. Nehmen Sie den Hund zu sich in eine beliebige Position, er darf nach eigener Wahl sitzen oder liegen, muss aber an Ihrer Seite bleiben. Sie selbst können stehen bleiben oder sich auf einen Stuhl setzen. Sobald Sie auch nur die leichteste Tendenz erkennen, dass der Vierbeiner seinen Platz verlassen will, beordern Sie ihn freundlich, aber bestimmt zurück. Wichtig ist, dass Sie schnell reagieren und ihn an das „Bleib" erinnern, bevor er den ersten Schritt macht. Ihre ganze Aufmerksamkeit und eine gute Portion Konsequenz sind hier gefordert. Lassen Sie sich nicht ablenken – konzentrieren Sie sich ganz auf Ihren Hund. Akzeptiert er das „Bleib" und wartet entspannt an Ihrer Seite, loben Sie ihn mit freundlichen Worten. Auch das eine oder andere Leckerchen ist erlaubt. Wartet der Hund brav an Ihrer Seite, wird er mit einem freundlichen „Ok" aus der Übung entlassen.

Gequengelt wird nicht

Sollte Ihr Liebling unruhig sein und versucht, seinen Platz zu verlassen, zu bellen oder auf andere Weise zu quengeln, dann bleiben Sie ruhig und fordern immer wieder das „Bleib" ein. Lassen Sie sich nicht davon abbringen, die Bleib-Übung konsequent durchzuführen. Sobald der Hund ruhig wird und die Vorgabe „Bleib" akzeptiert, loben Sie ihn freundlich und beenden die Übung durch ein „Ok". Bald wird er lernen, dass Quengeln nichts nützt und dass er Sie nur durch ruhiges Abwarten dazu bewegen kann, die Übung zu beenden. Steigern Sie die Wartezeiten langsam, bis Ihr Hund mühelos mehrere Minuten dort bleibt, wo er hingehört. Seien Sie anfangs darauf gefasst, dass Ihr Hund ab und zu versuchen wird, seine Position zu verlassen. Reagieren Sie sofort und unterbinden Sie seine „Fluchtversuche" durch eindeutige Körpersprache. Die Leine sichert ab, falls der Hund doch mal schneller sein sollte. In diesem Fall führen Sie den Hund sogleich in seine Position zurück und beginnen die „Bleib"-Übung von vorn. Ärgern Sie sich nicht über ihn – auch Vierbeiner dürfen eigene Ideen haben. Ihr Ziel ist es, schneller zu sein und ihn rechtzeitig an das „Bleib" zu erinnern. Nach wenigen Tagen wird Ihr Hund das Signal „Bleib" willig akzeptieren.

Das Zuweisen eines Platzes und die „Bleib"-Übung erleichtern das Hundehalterleben erheblich.

Aufbauübungen

Hier finden Sie zwei Gehorsamsübungen, die eine wertvolle Ergänzung zu den Basisübungen darstellen. Der Pfiff soll Ihren herkömmlichen Ruf keinesfalls ersetzen. Die Pfeife wird später in heiklen Situationen eingesetzt, fungiert quasi als Notbremse. Dazu muss sie häufig eingeübt werden, ohne alltäglich zu werden. Führen Sie daher auch Spaziergänge ohne Pfiff-Übung durch. Pfeife und Jackpot-Belohnung sollen jedoch immer mitgeführt werden.

Kommen auf Pfiff

Der Pfiff gibt Ihnen eine zusätzliche Möglichkeit, Einfluss auf den Hund zu nehmen. Üben Sie sowohl den Rückruf als auch das Kommen auf Pfiff. Absolvieren Sie mit beiden Übungen sorgfältig die Lektionen eins bis vier.

Die Doppeltonpfeife

Verwenden Sie eine so genannte Doppeltonpfeife, auch Jägerpfeife genannt. Weniger zu empfehlen ist eine für den Menschen unhörbare Pfeife beziehungsweise das Pfeifen durch die Finger oder mit den Lippen. In einer echten Stresssituation, zum Beispiel wenn der Hund gerade fröhlich Richtung Autobahn rennt, bleibt Ihnen wahrscheinlich „die Spucke weg" und aus dem Pfiff wird ein kläglicher Luftzug.

An die Pfeife gewöhnen

Ihr Hund hat Hunger und der Futternapf steht schon bereit. Nehmen Sie die Pfeife zwischen die Lippen, warten Sie einen Moment, dann ertönt der Pfiff und direkt danach stellen Sie den Napf vor seine Pfoten. Das Ritual gibt es nun zu jeder Fütterung – der Pfiff kündigt sozusagen die Futterschüssel an. Nach einigen Tagen verlagern Sie das Training nach draußen. Wenn Ihr Hund gerade in Ihrer Nähe ist, pfeifen Sie und halten ihm sofort eine besonders große und leckere Futterbelohnung (einen „Jackpot") vor die Nase. Hat der Vierbeiner alles aufgefressen, wird der Spaziergang fortgesetzt. Wichtig ist, dass sich der Hund in Ihrer Nähe aufhält und nicht durch Gerüche oder andere Dinge abgelenkt ist, wenn Sie pfeifen. Auf jedem Spaziergang können Sie die Übung zwei- bis dreimal wiederholen, und das circa eine Woche lang.

Der Pfiff soll für den Hund zum wichtigen „Supersignal" werden.

Begehren wecken

Im Laufe der nächsten Tage wird der Pfiff zu einem sehr, sehr wichtigen Signal für den Hund, nämlich zum Mega-Belohnungsversprechen. Um dem Pfiff noch mehr Gewicht zu verleihen, verzichten Sie nun drei Tage darauf. Das heißt, dass Sie Pfeife und Super-Belohnung zwar bei jedem Spaziergang dabeihaben, aber nicht einsetzen. Nach der Trainingspause wiederholen Sie die Übung und pfeifen wiederum jeweils zwei- bis dreimal pro Spaziergang. Natürlich erhält Bello nach jedem Pfiff seine Super-Belohnung. Ab jetzt üben Sie den Pfiff jeweils über einige Tage hinweg, verzichten dann wieder über mehrere Tage darauf und so weiter. Dadurch erreichen Sie, dass der Pfiff einerseits häufig genug geübt wird, um zum zuverlässigen Signal zu werden, andererseits jedoch nicht so häufig ertönt, dass er als alltäglich hingenommen wird.

Der Pfiff kündigt eine Jackpot-Belohnung an. Hier gibt es eine Schale Feuchtfutter.

 ## Tipp: Grundlos pfeifen

Von nun an nehmen Sie Pfeife und Super-Belohnung auf jedem Spaziergang mit. Pfeifen Sie ab und zu ohne direkten Anlass, denn dadurch vermeiden Sie, dass der Pfiff zum Signal wird für „Hier muss doch ein Reh sein".

Einsatz bei Ernstfällen

Nach ungefähr drei Wochen können Sie die Pfeife erstmals im „Ernstfall" einsetzen. Wenn Sie den Pfiff in einer heiklen Situation als Notbremse eingesetzt haben, sollten Sie ihn möglichst noch am selben Tag in einer neutralen, ablenkungsfreien Situation auffrischen. Sicher ist sicher.

Geh auf deine Decke

Kaufen Sie sich eine leichte, mobile Reisedecke, die so groß ist, dass der erwachsene Hund genügend Platz zum Liegen hat. Auf dieser Decke üben Sie das „Bleib" (siehe Seite 67), am besten im „Platz". Belohnen Sie den Hund zwischendurch mit einem Leckerchen, während er auf der Decke liegt. Will er seine Decke verlassen, erinnern Sie ihn mit dem Signal „Bleib auf deiner Decke". Erst wenn der Hund die Übung akzeptiert und willig liegen bleibt, beenden Sie

die Übung durch ein freundliches „Ok". Anfänglich reicht es, wenn der Hund nur zehn Sekunden bis eine Minute auf der Decke bleibt. Steigern Sie erst nach einigen Tagen die Wartezeit bis zu mehreren Minuten.

Sinn der mobilen Decke

Die Decke bietet dem Hund eine optische Begrenzung. Zudem schützt sie ihn vor Kälte und macht das Warten bequemer. Die mobile Reisedecke ist sinnvoll, wenn man den Hund mitnimmt, beispielsweise in ein Restaurant oder zur Gartenparty bei Freunden, wo er sich nicht frei zwischen den Gästen bewegen soll. Die Decke kennzeichnet seinen Platz und wird in eine geschützte Ecke gelegt. Durch die Decke halten fremde Personen Abstand zum Hund, denn kaum jemand läuft über ein ausgebreitetes Tuch – auch im Freibad werden die Badetücher der anderen respektiert (nur ein großer Tölpel marschiert quer über fremde Liegetücher).

Gerade kleinen Rassen kann durch die mobile Reisedecke ausreichend Raum gegeben werden. So sind sie besser vor Tritten geschützt.

Beschäftigung für zwischendurch

Die unter Basis- und Aufbauübungen beschriebenen Signale bilden die Erziehungsgrundlage eines jeden Haus- und Familienhundes. Sie sollten mit jedem Hund eingeübt werden, egal ob großer oder kleiner Vierbeiner, Welpe oder erwachsener Hund. Selbst auf den Stundenplan eines Hundeseniors gehören die vorgenannten Übungen. Wozu also noch weitere Beschäftigungsideen? Ganz einfach: Lernen macht Freude und stärkt die Mensch-Hund-Beziehung.

Der Griff in die Trickkiste

Warum soll ein Hund auch noch rückwärts laufen, apportieren lernen oder im Kreis hüpfen? Ganz einfach: Weil der Vierbeiner durch ein bisschen Sitz-Platz-Fuß bei weitem noch nicht ausgelastet ist. Hunde sind intelligent und freuen sich darüber, lernen zu dürfen. Sie freuen sich darüber, zusammen mit ihrem Menschen etwas zu unternehmen und neue Aufgaben zu lösen. Je mehr Übungen der Hund erlernt, desto besser wird sein Gehorsam. Die Unterscheidung in „ernsthafte Übung" und „Zirkustrick" besteht nur in unserem Kopf. Je spannender die Aufgaben sind, die sich Bello mit seinem Besitzer erarbeiten darf, desto mehr wird das gegenseitige Vertrauen und die Bindung gefestigt. Der Mensch lernt anhand der Aufgaben sehr viel über seinen Hund, dessen Reaktionen und wie er ihn am besten zur Lösung führen kann. Da keinerlei Erwartungshaltung oder Leistungsdruck hinter den Tricks stehen, üben Mensch und Hund im entspannten Umfeld. Sie sehen schon, es gibt viele Argumente, die dafür sprechen, dem Hund möglichst viele Übungen beizubringen. Nachfolgend werden einige Ideen beschrieben, gern dürfen Sie weitere erfinden. Kombinieren Sie die Basis- und Aufbauübungen mit den nachfolgenden Beschäftigungsübungen. Dadurch wird das Training so abwechslungsreich, fröhlich und locker,wie es sein soll.

Twist and Turn

Ziel: Der Hund dreht sich im Kreis um die eigene Achse. Halten Sie ein Leckerchen in der Hand, ungefähr auf Höhe der Hundenase. Nun führen Sie die „magnetische Hand" so langsam im Kreis herum, dass der Hund folgen kann. Während er die Drehung vollendet, schieben Sie ihm das Leckerchen ins Maul. Üben Sie einige Male die eine Richtung (Signal „Twist") bevor Sie die Richtung wechseln (andere Hand und Signal „Turn"). Wenn Sie genauer hinsehen, merken Sie, dass dem Hund die eine Richtung leichterfällt als die andere. Auch Hunde sind Rechts- oder Linkshänder! Trainieren Sie die schwächere Seite des Hundes etwas häufiger, denn dadurch stärken Sie Muskeln und Koordinationsvermögen des Hundes. Beginnen Sie mit der besseren Seite, üben Sie ausführlich auf der schwächeren Seite und beenden Sie die Übung mit der besseren Seite.

Acht um die Beine

Stellen Sie sich breitbeinig und gut ausbalanciert vor Ihren Hund. Nun verlagern Sie das „Twist & Turn" um Ihre Beine herum. Die Grundbewegung, nämlich sich rechts und links um die eigene Achse zu drehen, beherrscht Ihr Hund bereits. Nun erfolgt die Rechtsdrehung um ihr linkes Bein und die Linksdrehung um

Ihr rechtes Bein herum. Das klingt zuerst kompliziert, aber es ist gar nicht so schwer. Sehen Sie es als Gymnastik an – wollten Sie nicht schon seit Längerem etwas mehr Sport betreiben? Heben Sie die Ferse des jeweils umrundeten Beines leicht an, die Fußspitze bleibt dabei am Boden (außer bei sehr großen Hunden). Bald wird das angewinkelte Knie zum Zeichen, um das Bein herumzulaufen.

Slalom durch die Beine

Sobald die „Acht" gut klappt und der Hund zunehmend Freude und Schwung entwickelt, können Sie mit dem Beinslalom beginnen. Dazu stellen Sie jeweils einen Fuß nach vorn und der Hund schlüpft unter diesem Bein hindurch. Danach gehen Sie einen Schritt vor und diesmal schlängelt sich der Hund slalomförmig unter dem anderen Bein hindurch. Helfen Sie ihm anfangs mit einem Leckerchen, damit er den jeweils richtigen Einstieg findet. Wenn sich der Hund gerade hindurchschlängelt, bekommt er das Leckerchen. So gehen Sie Schritt für Schritt vor, während sich der Hund im Slalom um Ihre Beine bewegt. Sie werden sehen, bald windet er sich geschickt um Ihre Beine. Diese Übung fördert auch das Vertrauen zum Menschen und stärkt die Rückenmuskulatur des Hundes.

Rückwärtsgehen

Stellen Sie sich direkt vor Ihren Hund und halten Sie mit beiden Händen einige Leckerchen vor Ihre Körpermitte, ungefähr auf Hundenasenhöhe. Ihr Hund schnuppert sicher schon neugierig an Ihren Händen. Nun gehen Sie auf den Hund zu. Setzen Sie Ihre Schritte etwas breiter, um keinesfalls auf die Hundepfoten zu treten. Das würde ihm die Übung verleiden. Sobald er auch nur einen Schritt zurückweicht, bekommt er ein Leckerchen. Wiederholen Sie das so lange, bis der Hund recht flüssig rückwärts geht. Manche Hunde tun sich anfangs schwer. Gerade dann ist es sinnvoll, die Koordination des Vierbeiners zu fördern.

Verbeugung

Bei der Verbeugung zeigt der Hund die sogenannte Vorderkörpertiefstellung, die häufig während eines Spieles unter Hunden ausgeführt wird. Das Hinterteil des Hundes wird in die Luft gestreckt, während die vordere Hälfte im Platz liegt. Das erreichen Sie, indem Sie ihm mit der flachen Hand das Sichtzeichen für das „Platz" geben, während die andere Hand im Bereich der Hundelende bleibt und so ein Ablegen des Hinterteils verhindert. In dem Moment, wenn der Hund die Verbeugung zeigt, erhält er sein Leckerchen.

Tip-Tap-Pfötchengeben

Wer kennt es nicht, das klassische Pfötchengeben? Kann Ihr Hund es auch schon? Wir wollen es etwas verfeinern und dem Hund beibringen, je nach Anweisung die rechte beziehungsweise die linke Pfote zu geben. Der Hund befindet sich im „Sitz" und Sie gehen vor ihm in die Hocke. Nun greifen Sie mit der linken Hand nach der Pfote des Hundes, die sich auf derselben Seite befindet, also dessen rechte. Wenn seine Pfote in Ihrer Hand liegt, erhält der Hund

ein Leckerchen (Hörzeichen „Tip"). Setzen Sie die Pfote wieder ab, warten einen kleinen Moment und wiederholen diese Übung noch einige Male.

Gibt der Hund die eine Pfote willig, üben Sie nun mit Ihrer rechten Hand und der gleichseitigen Pfote (Signal „Tap").

Schäm dich

Auf das Signal „Schäm dich" soll der Hund eine Vorderpfote über die Schnauze legen. Die Übung ist nicht ganz leicht, probieren Sie aus, wie Sie sie Ihrem Hund am besten beibringen.

Eine Möglichkeit ist, dem Hund etwas Tesa oder ein Stückchen Pflaster auf den Nasenspiegel zu kleben. Drücken Sie den Streifen vorher einige Male auf ein Stück Stoff, um die Klebkraft zu reduzieren. Der Streifen soll noch etwas haften, jedoch nicht mehr stark. Bereiten Sie eine Schüssel mit tollen Leckerchen vor, und setzen Sie sich auf den Boden. Nun kleben Sie den Klebestreifen auf seinen Nasenrücken. Wahrscheinlich wird er versuchen, das störende Ding mit der Pfote von der Schnauze zu wischen. In dem Moment loben Sie ihn und er bekommt ein Leckerchen. Befindet sich der Klebestreifen noch auf der Nase, brauchen Sie nur abzuwarten, bis

Beim „Tip-Tap-Pfötchengeben" muss der Hund genau aufpassen, welche Seite gefordert ist.

„Schäm dich" ist gar nicht so einfach zu erlernen. Manchmal muss man mit Klebestreifen tricksen.

Hopp

Beim Hopp springt der Hund über das ausgestreckte Bein des Menschen – das ist eine echte Gymnastikübung für Zwei- und Vierbeiner. Am besten üben Sie anfangs an einer Wand: Die Ferse ist am Boden und Ihre Fußspitze befindet sich an der Wand. Nachdem der Hund einige Male mit der „magnetischen Hand" darüber geführt wurde (Signal „Hopp" und Belohnung), können Sie die Höhe steigern, indem Sie Ihren Fuß etwas weiter oben gegen die Wand stemmen. Erst wenn Ihr Hund begriffen hat, dass er für das Springen belohnt wird, sollten Sie die Übung ohne Wand trainieren.

er die Pfote erneut einsetzt. Ansonsten wird der Kleber wieder auf der Nase platziert. Belohnen Sie den Hund sofort mit freundlichen Worten und Leckerchen für seinen Pfoteneinsatz. Sobald Sie sich sicher sind, dass er sich gleich über die Nase streifen wird, geben Sie das Signal „Schäm dich" und belohnen ihn mit einem Stückchen Wurst. Bei sensiblen Hunden reichen ein paar Tropfen Wasser auf der Nase aus, um die Pfotenstreifbewegung auszulösen. Auch hier ist es wichtig, dass das Hörzeichen „Schäm dich" gleichzeitig mit dem Verhalten erfolgt und der Hund dafür sofort belohnt wird.

► ## Achten Sie auf den Fitness-Level

Bei allen Sprüngen sollten Sie den Hund körperlich nicht überfordern. Welpen und Junghunde sowie sehr alte Hunde sollten eher über die Beine klettern und nicht springen. Natürlich sind auch medizinische Aspekte zu berücksichtigen, befragen Sie im Zweifelsfall Ihren Tierarzt.

Toter Hund

Bei diesem Trick soll sich der Hund flach und entspannt auf die Seite legen und regungslos verharren. Am besten übt man den „Toten Hund" aus der Platz-Position. Während Sie mit der einen Hand Kopf und Schulter des Hundes sanft zur Seite schieben, hält die andere Hand bereits das Leckerchen dort, wo die Hundenase gleich liegen wird. Der Vierbeiner gibt sicher bald willig nach und lässt sich in die „Toter Hund"-Position fallen. In dem Moment erfolgt Ihr Hörzeichen (wie wäre es mit „Peng"?).

Anfangs belohnen Sie Ihren Vierbeiner, sobald er in Seitenlage liegt, später erst nach einigen Sekunden völlig regungslosen Verharrens. Achten Sie auch auf die Rute. Viele Hunde werfen sich begeistert in die „Tote Hund"-Position – wedeln aber fröhlich mit dem Schwanz. Erst wenn der gesamte Hund regungslos liegt, gibt es etwas.

Koordination fördern

Lassen Sie ihn über wenige Zentimeter hohe Äste, durch ein Besenstiel-Mikado oder einen niedrig gehaltenen Reifen klettern. Diese Übungen wirken sich ebenfalls sehr förderlich auf die Koordinationsfähigkeit des Hundes aus. Wir wollen keine „Höher-Schneller-Weiter"-Mentalität aufbauen, sondern unserem Hund eine Bewusstheit über seinen Körper und dessen Bewegungsabläufe vermitteln.

Viele Hunde werfen sich begeistert in die „Toter-Hund"-Position. Erst wenn der ganze Körper regungslos liegt, gibt es eine Belohnung.

Vom Beutetausch zum Apportieren

Das „Beutetauschen" ist eine sehr wichtige Gehorsamsübung. Nur zu schnell schnappt Ihr Vierbeiner auch mal einen dubiosen oder gar gefährlichen Gegenstand auf. Dann ist man gut beraten, wenn man den Beutetausch bereits zuverlässig eingeübt hat. Machen Sie es Ihrem Hund angenehm, Objekte bei Ihnen gegen reichlich Futter einzutauschen. Ihr Tauschjoker muss für den Hund deutlich wichtiger sein als seine Beute – seien Sie großzügig.

Die Sache mit dem Mundraub

Niemals soll der Hund vor Ihnen weglaufen, wenn er eine „Beute" im Maul hat. Jagen Sie ihm keinesfalls in einer solchen Situation hinterher. Schreien oder gestikulieren Sie nicht, wenn Bello etwas Undefinierbares im Fang trägt. Nehmen Sie es ihm auch nicht durch gewaltsames Öffnen der Kiefer ab, außer es bestände gerade akute Lebensgefahr und Sie hätten den Beutetausch noch nicht ausreichend eingeübt. Nur im absoluten Notfall dürfen Sie dem Hund die potenziell gefährliche Beute abzwingen. Denken Sie daran, dass sich ein solcher „Mundraub" sehr nachteilig auf Ihr Vertrauensverhältnis auswirken wird. Aus Sicht des Hundes hatte er gerade eine Million gefunden, die Sie ihm stehlen.

Vertraut ein Hund seinem Menschen nicht (mehr), wird er versuchen Fundstücke schnellstmöglich aufzufressen beziehungsweise wegzutragen. Ist dies nicht möglich, wird er es durch Knurren, Zähnefletschen oder sogar Schnappen verteidigen, wenn Sie ihm zu Nahe kommen.

Beutetausch

Der Hund muss lernen, dass er seine Beute tauschen kann. Überlegen Sie, was Ihrem Hund wichtiger ist: Spielzeug oder Fressbares? Wenn er zu den verfressenen Exemplaren gehört, beginnen Sie das Apportieren (den „Beutetausch") mit Spielzeug. Suchen Sie fünf Spielzeuge aus und legen Sie eine Prioritätenliste dafür an. Unter Nummer eins notieren Sie das für den Hund begehrteste Spielzeug (beispielsweise sein

Gibst du mir das gelbe Spielzeug, bekommst du das rote dafür. Konfliktfreier Beutetausch sollte gut eingeübt werden – für den Fall der Fälle.

„Zerrseil"). Dann folgt das zweitwichtigste Objekt (beispielsweise sein „Quietschball"), anschließend kommt das dritt-, viert- und fünftwichtigste Spielzeug an die Reihe. Nun tauschen Sie mit dem Hund, und zwar so, dass es sich für ihn lohnt. Er bekommt Spielzeug Nr. 5 und darf sich kurz damit beschäftigen. In einem günstigen Moment halten Sie ihm unter verheißungsvollem, wichtigem Gehabe Spielzeug Nr. 4 vor die Nase, also ein begehrteres Objekt. Wahrscheinlich lässt der Hund nun Nr. 5 fallen. Seien Sie darauf gefasst und sagen Sie genau in dem Augenblick, wenn sich das Maul des Hundes öffnet, in ruhigem, freundlichem Tonfall „Aus" – und werfen sofort Nr. 4 einige Meter weit weg. Während der Hund Spielzeug Nr. 4 aufsammelt, können Sie in aller Ruhe Nr. 5 in die Tasche stecken. Nun darf der Hund sich einige Zeit mit Spielzeug Nr. 4 beschäftigen. In einem geschickten Moment, er ist wieder ganz in Ihrer Nähe, ziehen Sie verheißungsvoll Spielzeug Nr. 3 aus der Tasche und warten, bis Bello dies wahrnimmt. Schauen Sie genau hin. Erst wenn der Hund das Maul öffnet, sagen Sie „Aus" und werfen Spielzeug Nr. 3 einige Meter weit weg. Nach diesem Schema tauschen Sie weiter.

Der Hund ergreift die Initiative

Vielleicht hat Ihr Hund bereits jetzt schon so viel Freude am Beutetausch entwickelt, dass er Ihnen ständig Spielzeug Nr. 1 anbietet? Wunderbar. Dann tauschen Sie Spielzeug Nr. 1 gegen eine Handvoll toller Leckerchen ein. Seien Sie großzügig. Halten Sie ihm die geschlossene Futterhand vor die Nase, warten Sie, bis sich der Fang des Hundes öffnet und sagen Sie erst dann freundlich „Aus" und werfen die Leckerchen einige Meter weg. Während Bello frisst, räumen Sie in aller Ruhe Spielzeug Nr. 1 weg.

Das Wertesystem der Hunde

Auch wir würden einen 50-Euro-Schein jederzeit gern gegen einen 100-Euro-Schein eintauschen, oder nicht? 50 Euro jedoch gegen einen 20er-Schein einzutauschen, käme uns kaum in den Sinn. Auch Hunde haben ein Wertesystem und rechnen, ob sich ein Tausch lohnt. Erfährt der Hund immer wieder, dass er seine Beute wertsteigernd eintauschen kann, wird er weder versuchen, diese schnell aufzufressen noch sie wegzutragen. Ganz im Gegenteil – sein erster Weg führt zu Ihnen.

Übung für spielzeugfixierte Hunde

Besitzen Sie einen verstärkt spielzeugorientierten Hund, beginnen Sie diese Übung am besten mit Fressbarem. Das Schema bleibt gleich, überlegen Sie sich die Futter-Prioritätenliste. Vielleicht ist „Leberpaste" Futter Nr. 1, gefolgt vom „Schweineohr" als Futter Nr. 2, Futter Nr. 3 könnte ein halbes „Wiener Würstchen" sein. Mag Ihr Hund Trockenpansen lieber als den Rinderhautknochen? Dann wäre Futter Nr. 4 ein Stück Pansen und Nr. 5 der Kauknochen.

Sie dürfen auch bald Futter gegen Spielzeug oder umgekehrt tauschen.

Tauschjoker bei Undefinierbarem

Zieht Ihr Hund etwas Undefinierbares aus dem Gebüsch, sollten Sie Ruhe bewahren und ihm einen lohnenswerten Tausch anbieten. Er hat gelernt, dass er Ihnen vertrauen kann und Sie ihn nicht bestehlen werden. Ein toller Tauschjoker für den Notfall sollte daher immer dabei sein, wenn Sie mit Ihrem Hund unterwegs sind. Dies könnte eine Packung Feuchtfutter oder ähnliches sein. Diese verdirbt nicht und kann sauber in der Jacken- oder Bauchtasche mitgenommen werden.

In die Hand gelegt

Haben Sie den Beutetausch so weit eingeübt, dann ist die eigentliche Apportierübung ein Klacks. Der Unterschied besteht lediglich darin, dass der Hund den Apportiergegenstand in Ihre Hand legen soll und nicht vor Ihnen auf den Boden fallen lässt. Da er schon gelernt hat, dass er sein Spielzeug bei Ihnen eintauschen kann, wird er auch den Apportiergegenstand zu Ihnen bringen. Halten Sie nun rechtzeitig Ihre Hand unter sein Maul und belohnen ihn erst dann mit Futter, wenn er den Apportiergegenstand in Ihre Hand legt.

Auf einen Nenner gebracht

Alle wichtigen Erfahrungswerte werden beim Lernen miteinander verknüpft. Der Hund lernt rund um die Uhr, nicht nur zu den offiziellen Übungszeiten. Als Training bezeichnet man das Wiederholen bestimmter Erfahrungswerte wie beispielsweise „Sitz bringt Futter" oder „Personen anspringen ist langweilig". Fragen Sie die Signale auch an verschiedenen Orten ab, üben Sie abwechslungsreich. Bleiben Sie sich gerade auch in schwierigeren Erziehungsphasen treu.

Wie Hunde lernen

Jede Wiederholung eines bestimmten Erfahrungswertes festigt die jeweilige Verknüpfung etwas mehr. Damit sich die gewünschten Lerninhalte jedoch verknüpfen, ist ein gutes Timing seitens des Menschen gefragt. Der Hund verknüpft nur die Dinge, die er gleichzeitig wahrnimmt. Das bedeutet, dass der Hund zeitgleich mit seinem Verhalten die jeweilige Konsequenz (zum Beispiel Futterbelohnung) erfahren muss. Der Hund soll das Wort „Sitz" genau zu dem Zeitpunkt hören und das Leckerchen bekommen, an dem sein Hinterteil den Boden berührt. Dann verknüpft er präzise das Verhalten (Hinsetzen) mit dem Hörzeichen („Sitz") und der Konsequenz (Futter). Hört der Hund das Wort „Sitz" erst, nachdem er bereits sekundenlang gesessen hat, erreichen wir kaum das erwünschte Hinsetzen auf Kommando.

Generalisieren

Um einen zuverlässigen Gehorsam zu erreichen, ist es besonders wichtig, an verschiedenen Orten zu üben. Wir Menschen sind Meister im Generalisieren, also eine erworbene Fähigkeit von dem einen auf einen anderen Ort zu übertragen. Hunden fällt das jedoch schwer. Als ich vor Jahren das Stricken lernte, konnte ich sofort überall die Nadeln klappern lassen – egal ob ich

mich zu Hause, bei Bekannten, im Urlaub, im Straßencafé oder im Zug befand. Für Hunde spielt der Ort, an dem sie etwas lernen, eine sehr große Rolle. Ein zuverlässiges „Sitz" im heimischen Wohnzimmer bedeutet nicht, dass er das „Sitz" auch auf der Hundewiese, im Wald oder auf dem Wochenmarkt ausführen wird. An fremden Orten muss ein Signal neu auftrainiert werden. Je häufiger der Hund an verschiedenen Orten trainiert wird, desto selbstverständlicher wird es im Laufe der Zeit für ihn. Sie sollten an jedem fremden Ort auch Ablenkungsreize einbauen, deren Abstand Sie zunehmend verringern. Folgt Ihr Hund mal nicht so gut, wie Sie es aus dem Training zu Hause oder in der Hundeschule kennen, dürfen Sie nicht ungeduldig werden. Ein Hund würde niemals absichtlich etwas falsch machen und möchte Sie auch niemals provozieren. Er ist nicht stur oder dominant, wenn er auf der Hundewiese nicht genauso gut gehorcht wie zu Hause – es fehlen ihm nur noch ein paar Trainingseinheiten an diesem Ort und unter dieser Ablenkung („Stolperstein"). Holen Sie die feinsten Leckerchen aus der Tasche und belohnen Sie ihn selbst für die kleinste Kooperationsbereitschaft großzügig (Herschauen, näher kommen und so weiter). Bald wird er die Signale auch an schwierigen Orten immer williger ausführen.

Freundliche Beharrlichkeit und systematisch aufgebautes Training zeichnen den guten Trainer aus. So werden auch Sie zum „Hundeflüsterer".

Tagesformabhängig

Sie werden feststellen, dass Ihr Hund mal besser und mal schlechter gehorcht. Auch dies ist ein normaler Prozess, denn Lernen verläuft in Kurven. Je nach aktuellem Erfahrungsstand – auch abhängig von inneren Prozessen wie beispielsweise besonders sensible Entwicklungsphasen oder Hormonveränderungen – sinkt und steigt der Gehorsam eines Vierbeiners. Egal welche Ausbildungsmethode, egal welcher Trainer – Verhalten kann niemals etwas absolut Stabiles sein. Auch ist es nicht möglich, absolute Kontrolle über das hundliche Verhalten zu erlangen. Nicht einmal für unser eigenes Verhalten können wir in Extremsituationen hundertprozentig garantieren, oder?

Verhalten verändert sich

Verhalten muss sich verändern können, da sich auch unsere Umwelt ständig verändert. Lebewesen, die stur bei der einst erlernten Verhaltensweise bleiben, ohne diese zumindest teilweise den neuen Gegebenheiten anzupassen, haben schlechte Überlebenschancen.

Lernen ist also ein Prozess mit Höhen und Tiefen. Jeder neue Tag, jede neue Erfahrung wird auch Einfluss auf den Gehorsam des Hundes nehmen. Über das Belohnungsprinzip kann ein sehr hohes Maß an Zuverlässigkeit des hundlichen Gehorsams herbeigeführt werden.

Für jedes Problem im Hundealltag gibt es immer eine tiergerechte Lösung. Geraten Sie einmal in eine mühsamere Phase, erinnern Sie sich bitte an diese Zeilen. Setzen Sie das Vertrauen Ihres Hundes nicht aufs Spiel, bleiben Sie auch und gerade in solchen schweren Erziehungszeiten Ihrer Entscheidung treu und Ihrem Hund ein verlässlicher Freund.

Bleiben Sie sich treu

Ratschläge von selbst ernannten Fachleuten, im Sinne von: „Dem muss man jetzt mal zeigen, wer hier der Chef ist…", oder „Einem solch dominanten Hund muss man den Willen brechen, sonst tanzt der Ihnen bald auf der Nase herum…" können Sie getrost vernachlässigen. Holen Sie sich bei Bedarf Hilfe von einem kompetenten, tiergerecht und gewaltfrei arbeitenden Hundetrainer, der Ihnen in Ruhe und mit freundlicher Kompetenz weiterhelfen wird. Wählen Sie die Hundeschule beziehungsweise den Hundetrainer kritisch aus und hören Sie auf Ihre innere Stimme. Nur wenn Sie das Gefühl haben, dass Ihr Anliegen sorgfältig angehört und ernst genommen wird, Ihr Hund gut behandelt und in seiner Individualität respektiert wird, Sie freundlich und geduldig unterrichtet werden – also wenn Ihr Hund und Sie sich wohl fühlen – dann haben Sie die richtige Hundeschule gefunden.

Qualitätvolles Training macht Spaß – Auflockerung zwischendurch ist selbstverständlich erlaubt.

Beziehungskiller „Nein"

Kennen Sie den Witz, in dem sich zwei Hunde unterhalten? Der eine fragt den anderen: „Wie heißt Du?", und der andere antwortet: „Ich bin mir nicht ganz sicher, Nein, Aus oder Pfui." Was im ersten Moment zum Schmunzeln veranlasst, stößt bei näherer Betrachtung bitter auf. Ein ernstes „Nein" hemmt den Hund für den Moment in seinem Tun – doch die Information, welches Verhalten erwünscht wäre, fehlt in diesen Worten.

Die Sache mit der negativen Resonanz

Überprüfen Sie sich selbst, wie häufig Sie Ihrem Hund über den Tag verteilt negative Rückmeldung geben. „Nein, tu dies nicht!" – „Pfui, lass das gefälligst!" – „Aus jetzt!" Natürlich merkt der Hund, dass Sie unzufrieden, vielleicht sogar ärgerlich sind. Aber was Sie genau stört, kann er der Botschaft kaum entnehmen. Ein Hund zeigt in jedem Moment viele, sich teilweise überschneidende Verhaltensweisen – welche genau hat Ihr Schimpfen ausgelöst? Ein Hund nimmt zu jeder Sekunde seines Lebens viele Dinge gleichzeitig wahr, und zum Teil befinden sie sich außerhalb der menschlichen Wahrnehmungsfähigkeit. Womit er unser „Nein, Pfui" verknüpfen wird, ist dem Zufall unterworfen. Die Wahrscheinlichkeit, dass der Vierbeiner unseren Unwillen also mit zufälligen Begebenheiten in Verbindung bringt, ist viel größer, als dass er unseren eigentlichen Grund, nämlich sein spezielles Fehlverhalten, erfassen wird.

Richtig und falsch

Wenn eine selbstbestärkende Komponente in Bellos unerwünschtem Verhalten steckt, kann er das „Nein" noch weniger verstehen. Nimmt er das Wurstbrot vom Tisch, ist das für ihn völlig in Ordnung, denn Hunde denken und handeln nach eigenen Prinzipien. Menschliche Vorstellungen von „richtigem" Verhalten sind ihm fremd. Spürt er den Ärger, wird er sich demütig zeigen und ausweichen, doch das ändert nichts an seiner „Weltanschauung": „Brot vom Tisch nehmen" ist erfolgreich und lecker. Natürlich tut er „es" wieder, da Fressen positive (= belohnende) Gefühle auslöst. Dass er dabei ausweichendes Verhalten zeigt, die Ohren anlegt und insgesamt eher duckmäuserisch erscheint, ist auch nicht sein vermeintlich „schlechtes Gewissen", weil er Verbotenes tut – er kommuniziert nur nach Hundeart, und zeigt an, dass er einen undefinierten Konflikt spürt. Er bemerkt unseren Ärger, bezieht diesen aber nicht auf seinen Mundraub. Der Mensch fühlt sich hingegen provoziert, wenn der Hund schon wieder das Verbotene tut („Ich habe es ihm doch schon so oft verboten!"). Doch Hunde verstehen den Inhalt unserer Worte nicht. Akzeptieren wir es einfach, wie es ist – und ärgern uns nicht mehr darüber.

▶ Getrübte Beziehung

Häufige Negativmeldungen wie „Nein" und „Pfui" trüben langfristig die Beziehung zwischen Mensch und Hund und verursachen eine unklare, emotionale Grauzone, in der sich kein Lebewesen wohl fühlt.

Futterklau ist selbstbelohnend. Führen Sie Ihren Hund erst gar nicht in Versuchung und lassen Sie nichts Essbares in Reichweite herumstehen.

Verhalten auszuführen. Wie immer gilt: Geben Sie ihm vor Entstehung des unerwünschten Verhaltens eine bessere Idee. Üben Sie ein zuverlässiges „Sitz" ein. Damit können Sie unerwünschte Verhaltenstendenzen unterbrechen und erhalten die Möglichkeit, den Hund zu belohnen. Einfach ausgedrückt: Kümmern wir uns doch um die Dinge, die der Hund tun und nicht um jene, die er lassen soll.

Ändern Sie die Perspektive

Ändern wir unseren Blickwinkel und beginnen bewusst damit, „gute Ideen" des Hundes wahrzunehmen. Zarte Tendenzen für erwünschtes Verhalten wollen erkannt und ausgebaut werden. Wechseln wir von der grauen, undurchsichtigen „Nein"- auf die viel klarere „Ja"-Ebene – sehen Sie Ihren Hund in einem ganz neuen Licht.

Dicke Luft

Wenn wir abends nach Hause kommen und unser Partner begrüßt uns nicht mit einer freundlichen Geste wie normalerweise, sondern schaut missmutig drein und brummelt etwas vor sich hin, verunsichert uns das. Was ist bloß los? Wir sind uns keiner Schuld bewusst, haben auch keine Idee, wie man den anderen wieder freundlich stimmen könnte – wir fühlen uns schlecht. Kennen Sie dieses schwammige Gefühl, wenn ein Streit in der Luft liegt? Man spürt den Konflikt buchstäblich, kann ihn aber weder greifen noch benennen? „Irgend etwas stimmt nicht!" – Ein schreckliches Gefühl und ganz und gar nicht hilfreich für eine gute Beziehung. Und Hunde haben noch nicht einmal die Möglichkeit, ein klärendes Gespräch zu führen. Sie verhalten sich ihrer Art entsprechend, zeigen demütiges Verhalten, um den anderen möglichst wieder zu beruhigen und so einen offenen Konflikt zu umgehen.

Alles, was Spaß macht

Hunde sind Konfliktvermeider. Sie können kein schlechtes Gewissen haben, da sie auf Hundeart immer „richtig", das heißt biologisch sinnvoll, handeln. Stört uns ein Verhalten des Hundes, können wir es durch Nicht-Beachten abschwächen. Handelt es sich um ein Verhalten mit eingebautem Spaßfaktor, hilft Ignorieren nicht mehr. In diesem Fall verhindert ein vorausschauendes Umweltmanagement, dass der Hund die Möglichkeit erhält, das unerwünschte

Die Körpersprache wirkt bedrohlich auf den Hund (oben). Strenge Kommandos schrecken den Hund ab, denn Hunde weichen Konflikten eher aus.

Ach, du dicker Hund?

Vielleicht ist Ihnen beim Lesen der Gedanke gekommen: „Puh, bei so viel Belohnung und Leckerchen wird mein Hund doch viel zu dick?" Aus über zwei Jahrzehnten Erfahrung mit der Erziehung verschiedener Rassen kann ich Sie beruhigen. Nach dieser Methode erzogene Hunde werden nicht automatisch übergewichtig. Wichtig ist, dass die Gesamtfuttermenge stimmt. Wenn Sie viel belohnt haben, reduzieren Sie die Futtermenge im Napf.

Tolle Belohnungsideen

In vielen Trainingssituationen kann ohnehin das normale Hundefutter verwendet werden. Peppen Sie es bei Bedarf etwas auf, beispielsweise mit einem Tropfen Fischöl. Oder bereiten Sie auf der Grundlage des üblichen Vollfutters, ergänzt durch leckere Komponenten wie Frischkäse, Hühnchenfleisch oder -brühe, Würfel aus gekochtem Rinderherz oder Putenbrust und

▶ Tipp: Hygienischer Transport

Im Outdoor-Bedarf gibt es befüllbare Mehrwegtuben, in denen sich auch weicher Leckerchenbrei dicht und hygienisch transportieren lässt. Sie sind leicht sauber zu halten und ideal für Hunde, die eine spezielle Ernährung benötigen.

Ähnlichem eine individuelle Leckerlimischung zu. Manche Hunde nehmen auch gern Apfelstückchen, Pfannkuchenstreifen oder gekochte Nudeln als Belohnungshappen und die meisten würden für Wurst- oder Käsewürfelchen nahezu alles tun. Etwas Streichwurst in eine dicke Spritze (ohne Kanüle) gefüllt, lässt sich gut mitnehmen und ist bei den Vierbeinern heiß begehrt. Es gibt im Futterhandel mittlerweile sprühfertige Leberpaste für Hunde. Probieren Sie ruhig aus, ob Ihr Hund für Joghurt oder Quark schwärmt, dies gibt es als Pausensnack für Kinder im praktischen, wiederverschließbaren Trinkbeutel.

Es gibt mittlerweile Rezeptbücher sowie ganze Seiten im Internet darüber, wie gesunde Hundeleckerchen selbst zubereitet werden können. Probieren Sie auch ungewöhnliche Lebensmittel aus und erstellen Sie so eine ganz persönliche Feinschmecker-Leckerli-Hitliste für Ihren Hund.

Nicht nur die üblichen Hundeleckerchen können verwendet werden. Viele Hunde bevorzugen ganz anderes Essen.

Situationsbedingte Belohnung

Grundsätzlich sind weiche, feuchte Belohnungshappen bei den meisten Hunden viel begehrter als trockene, harte Kekse oder Kroketten. Ein Leckerchen, das zu Hause gern genommen wird, kann in Anwesenheit der Hundefreunde kläglich versagen. Sammeln Sie Erfahrungswerte, welche Leckerchen für welche Situationen erfolgreich einsetzbar sind. Belohnen Sie umso reichlicher, je ablenkender die Umgebung ist, je mehr Stolpersteine vorhanden sind.

Kleine Häppchen

Schneiden Sie kleine Stückchen. Der Hund soll nicht schnell satt sein, sondern häufig belohnt werden. Bleiben Sie abwechslungsreich, die begehrtesten Belohnungen finden Sie nicht nur im Hundeladen, sondern auch im Supermarkt. Je schwieriger die geforderte Aufgabe, desto toller soll künftig die Belohnung ausfallen. Hunde lieben es, für gutes Honorar zu arbeiten.

Bauchladen für Hundehalter

Damit alle Trainingsutensilien mitgenommen werden können, empfiehlt sich eine einfache Bauchtasche. Dadurch haben Sie alles dabei und dennoch die Hände frei. In das Hauptfach füllen Sie den Leckerlimix, am besten übrigens ohne Plastikbeutel, da das Rascheln den Hund

Diese Utensilien benötigen Sie für das Training, die Erziehung Ihres Hundes.

stark ablenken kann. Mögen Sie das Futter gar nicht lose in die Tasche füllen, können Sie sich mit einem Kaffeefilter behelfen oder mit einem Waschhandschuh. So bleibt alles sauber und knistert nicht, wenn Sie in die Tasche greifen. In die Nebenfächer gehören einige Tüten, um die Hinterlassenschaften zu entsorgen. Im Handel gibt es inzwischen auch praktische Anhänger, in denen man einen Vorrat an Kottüten dezent mit sich führen kann.

Ein Jackpot gehört ebenfalls zur Ausrüstung. Als Jackpot bezeichnet man eine besonders begehrte, reichhaltige Belohnung, die es nur für besondere Leistungen gibt (beispielsweise „Kommen auf Pfiff"). Ein solcher Jackpot könnte ein Portionsbeutel Feuchtfutter, eine Spritze mit Leberpaste oder Ähnliches sein. Er sollte sicher verpackt und längere Zeit haltbar sein, also möglichst kein leicht verderbliches Futter. Eine Doppelton-Jägerpfeife zum Umhängen macht die Ausstattung komplett.

Bestechung oder Lohn?

„Der Hund soll das für mich tun, und nicht nur wegen der Leckerli" – Diesen Satz hört man immer wieder bei Gesprächen um die richtige Erziehungsmethode. Pro und Contra Futter im Training wird gern und häufig unter Hundehaltern und -trainern diskutiert. Das Futter sei doch „Bestechung" des Hundes, wird oft angeführt. Hören Sie solchen Diskussionen gelassen zu – und bleiben Sie Ihrem Wege treu. Es ist für Hunde höchst natürlich „ Futter für Arbeit" zu erhalten. Das Wolfsrudel ist unterwegs, kooperiert und organisiert sich aus einem Grund: Um Beute (Futter) zu erlegen. Auch wir Menschen arbeiten für unseren Lohn – der hauptsächlich den wichtigen Grund hat, unsere Existenz zu sichern und unseren Magen zu füllen.

Daher ist es keine „Bestechung" mit Leckerchen zu arbeiten, sondern ein reelles Honorar für reelle Leistung – also eine verdiente Belohnung. Je besser das Honorar ist, desto motivierter arbeitet der Hund mit. Häufige Wiederholung bildet eine feste Gewohnheit, dadurch wird er später gern gehorchen, auch ohne permanente Belohnung. Aber zunächst muss diese Gewohnheit ausgebildet werden, dazu benötigen wir viele Leckerchen und einige Monate Zeit. Später wird der Hund nur noch sporadisch, mal für diese, mal für jene Leistung belohnt.

Stärken Sie Ihre Beziehung

Stöberspiele machen glücklich

Neben den wichtigen Basis-, Aufbau- und Trickübungen gibt es noch viele weitere Möglichkeiten, Hunde körperlich und mental auszulasten. Auch Hunde möchten denken und Probleme lösen, das macht zufrieden und glücklich. Ganz nebenbei stärken Sie dadurch die Mensch-Hund-Beziehung – wichtig für ein gutes Zusammenleben und für fundierten Gehorsam. Nach Futter zu stöbern oder ausgiebig zu kauen macht Bello richtig ausgeglichen. Gönnen Sie ihm die Freude.

Such- und Stöberspiele

Die einfachste und dabei doch sehr wirksame Möglichkeit, Hunde mental zu beschäftigen, sind variantenreiche Such- und Stöberspiele. Verstecken Sie doch einen Teil der Mahlzeit und schicken Sie Ihren Hund auf Stöbersuche im Haus oder Garten. Gestaltungsmöglichkeiten gibt es viele: Man füllt das Futter beispielsweise in einen oder mehrere Futterdummys und verteilt diese. Der Hund soll entweder eigenständig oder durch seinen Menschen unterstützt losziehen und die Verstecke finden. Sorgen Sie für schnelle Anfangserfolge, indem Sie den Dummy zunächst recht offensichtlich „verstecken".

Den gefüllten Dummy kann er gut ins Maul nehmen und apportieren. Ist Ihr Hund bei Ihnen angelangt, öffnen Sie den Futterbeutel und er darf den Inhalt fressen.

Wo Sie Futterdummys bekommen

Im Zubehörhandel gibt es spezielle Dummys in verschiedenen Größen, stets aus stabilem Stoff und mit festem Reißverschluss. Die Aufgabe „Futterdummy" kombiniert das Stöbern mit dem Apportieren. Fortgeschrittene bauen sogar noch ein „Sitz-Bleib" davor, wobei der Vierbeiner abwarten muss, bis der Dummy versteckt wurde. Ganz schön viel Gehorsamsleistung für einen Hund – wunderbar – und der Spaß kommt dabei nicht zu kurz.

Ein Täschchen, mit Futter gefüllt, apportieren Hunde gern. Als Belohnung für das Suchen und Bringen darf der Hund den Inhalt auffressen.

„Ausgesäte" Leckerchen

Wenn Sie nicht so viel Zeit haben, können Sie die Leckerchen auch weitläufig im Garten verstreuen. Der Hund soll sich mehrere Minuten lang damit beschäftigen, die Futterstückchen aufzuspüren und zu fressen. Das fördert die Konzentration und wirkt sich beruhigend auf den Vierbeiner aus. Die Körperhaltung mit gesenkter Nase tut ihm gut und entspannt, das Schnuppern, Orientieren und Herummarschieren lastet Körper und Geist aus.

Futterwürfel

Es gibt auch zahlreiche Würfel- oder Ballvariationen, in die man Futterstückchen füllen kann. Durch fortwährendes Stupsen mit Nase oder Pfote muss der Hund den Futterspeicher in Bewegung halten, damit die Leckerchen herausfallen. Manche dieser Spielzeuge lassen sich von „leicht" (=viel Futter fällt bereits bei geringer Bewegung heraus) bis „schwierig" (=wenig Futter fällt nach häufigem Bewegen heraus) einstellen. Damit beschäftigen sich viele Hunde sehr lange Zeit intensiv – bis sie müde und zufrieden einschlafen.

Kauen, was das Zeug hält

Gegen Hunde-Langeweile helfen diverse Kauartikel. Das Kauen und Reißen baut ebenfalls Stress ab und lenkt zudem von Tisch- und Stuhlbeinen Ihrer Wohnung ab. Am besten legt man sich einen Vorrat aus naturbelassenen Kauartikeln wie getrocknete Schweineohren, Ochsenziemer, Rinderkopfhaut oder Rinderschlund an, um stets etwas anbieten zu können. Für sensible Gemüter, die Schweineohren und Co. nicht so gut auf dem Wohnzimmerteppich ertragen können, gibt es auch diverse Artikel aus getrockneter Büffelhaut. Meist in Knochenform gepresst, gebleicht und bearbeitet, sind sie wesentlich geruchsärmer als zuvor Genanntes. Probieren Sie aus, was Bello besonders mag und finden Sie einen Kompromiss, mit dem auch Sie gut leben können. Schnupper- und Stöberspiele sowie Kauartikel sind hervorragende und simple Möglichkeiten, Hunde zufrieden und ausgeglichen zu machen.

Nur wenn der Hund den Würfel anstupst, fallen die begehrten Futterstückchen heraus.

Besen-Mikado

Gesundheitsfördernd sind alle Arten gleichmäßiger (!) Bewegung. Die Schneller-Höher-Weiter-Mentalität überlassen wir gern den Sport- und Wettkampf-Cracks – wir wollen Gelenke, Sehnen und Muskeln nicht strapazieren, sondern gesund erhalten. Das so häufig zu beobachtende Bällchen- oder Frisbeewerfen belastet den Körper und löst eher Unruhe aus. Stöckchen aus Holz können zudem gefährliche Verletzungen im Zahnfleisch verursachen. Viel schonender als die Extrembewegungen sind alle gezielten, das bedeutet bewusst ausgeführten Bewegungsabläufe der Gliedmaßen. Hierfür gibt Ihr Haushalt sicherlich alle erforderlichen Gerätschaften her. Sammeln Sie alle Besenstiele und sonstigen Stangen zusammen und legen Sie diese auf einen Haufen, ähnlich einem Mikadospiel. Nun wird noch eine Handvoll kleiner Leckerchen drübergestreut und schon wird sich Ihr Vierbeiner begeistert und ausdauernd damit beschäftigen, die Happen zwischen den Stangen herauszuangeln. Ganz nebenbei schult er die Koordination seiner vier Pfoten, die er je nach Stangenhöhe einzeln und in unterschiedlicher Höhe anheben muss. Einen ähnlichen Effekt hat eine am Boden liegende Leiter oder ein alter Lattenrost. Die Höhen und Tiefen des Untergrundes regen den Hund dazu an, auf seinen Bewegungsablauf zu achten und die ausgestreuten Leckerchen sorgen dafür, dass er gern mitmacht und sich mehrere Minuten mit dieser Geschicklichkeitsübung auseinandersetzt.

Riesenbälle und Denkaufgaben

Hunde lösen gern Denksportaufgaben, lernen gern Neues. Besitzen Sie ein Trampolin oder einen Pezzi-Sitzball? Prima – dann setzen Sie doch Ihren Hund darauf. Füttern Sie ihn dort oben und helfen Sie ihm anfänglich ein wenig, bis es ihm nichts ausmacht, sich auf dem wackeligen Untergrund aufzuhalten. Erst wenn alle Unsicherheit verflogen ist und der Hund willig auf dem Trampolin oder dem Riesenball bleibt, erhöhen Sie den Schwierigkeitsgrad langsam.

Von Physiotherapeuten empfohlen

Nun kommt immer mehr Bewegung ins Spiel, sodass der Hund sich in Balance und Gleichgewicht üben muss. Legen Sie bei Bedarf eine Decke über das Trampolin oder den Ball, damit er sich weder einklemmen noch abrutschen kann. Einige Minuten Balanceübungen auf dem Ball stärken alle Muskeln des Hundekörpers, regen die Gehirntätigkeit an und machen Ihren Vierbeiner buchstäblich hundemüde. Ein sehr großer Hund passt vielleicht nicht auf Ihren Ball. Dann genügt es auch, nur den Vorderkörper auf den Ball zu platzieren und sozusagen den halben Hund vorsichtig hin- und herzuschaukeln. Die Hinterpfoten dürfen als Stütze am Boden bleiben. Gehirnjogging vom Feinsten für Hunde jeden Alters – von Physiotherapeuten empfohlen als Ergänzung zum täglichen Spaziergang. Befragen Sie bei körperlichen Einschränkungen zuvor Ihren Tierarzt.

Schnauzball

Ein großer Sitzball bietet noch eine weitere Beschäftigungsmöglichkeit, die Körper und Geist des Hundes fit hält. Bringen Sie Ihrem Vierbeiner bei, den Ball mit der Nase vorwärts zu schieben. Für sehr kleine Hunde eignet sich auch ein leichter Kleinkindplastikspielball aus dem Spielwarengeschäft. Der Ball sollte so groß wie die Schulterhöhe des Hundes sein.

Legen Sie ein oder zwei Leckerchen unter den Ball. Um daranzukommen, wird er dem Ball automatisch einen Schubs mit der Nase geben. Loben Sie ihn mit freundlichen Worten dafür und legen Sie den nächsten Happen unter den Ball. Bald wird der Vierbeiner recht gezielt den Ball wegschubsen, um nachzusehen, ob dort nicht wieder ein Leckerchen zu finden ist. Gehen Sie zum Lottoprinzip über und legen Sie nur noch manchmal einen Happen unter den Ball. Der Hund soll den Ball zunehmend häufiger wegschubsen, bis er eine Futterbelohnung erhält. Fortgeschrittene können einen bestimmten Türrahmen im Haus zum „Tor" erklären. Immer wenn der Ball dort hineingeschoben wird, erhält der Hund eine besonders tolle, großzügige Belohnung. Damit Ihr Hund die

Ob Wegschubsen oder Draufsitzen: Ein Pezziball bietet vielfältige Nutzungsmöglichkeiten.

Fußball ist nicht nur „Männersache".

Spielregeln versteht, machen Sie es ihm anfänglich leicht. Platzieren Sie den Ball nur wenige Zentimeter vor dem „Tor". Die Wahrscheinlichkeit, dass der Hund ins Zimmer trifft, ist nun sehr hoch und Sie können den Jackpot bald ausschütten. Nach wenigen Wiederholungen lernt der Hund, dass es sich besonders lohnt, den Ball durch den Türrahmen zu „schießen". Nun können Sie die Entfernung zum „Tor" und den Anlaufwinkel variieren und schrittweise erschweren. Viel Spaß beim Hunde-Fußball.

Holzspielzeuge

Zum Denken regen diverse Holzspielzeuge an, die der Handel für Hunde bereithält. Der Hund kann sich durch Verschieben von Holzplättchen, Anheben von Hütchen oder Drehen einer Scheibe seine Leckerchen aus dem Spielbrett erarbeiten. Fast täglich kommen neue Hundespielzeuge auf den Markt, fragen Sie bei Ihrem Händler nach.

Aus vielen Haushaltsartikeln können Sie selbst ähnliches Hundespielzeug herstellen. Füllen Sie beispielsweise einige Leckerchen in eine durchsichtige 1,5-Liter-PET-Flasche ohne Verschluss. Durch den Anblick der Leckerchen angeregt, beginnt der Hund die Flasche hin- und herzuschieben, bis ein Stück für ihn herausfällt. Verstecken Sie Leckerchen oder Spielzeug unter einem alten Salatsieb, das mit dem Boden nach oben als Abdeckhaube dient. Wie löst der Hund das Problem und kommt er an die darunterliegende Belohnung?

Rechts und links

Schenken Sie Ihrem Hund zwei Platzsets aus robustem Stoff und bringen Sie ihm die Unterscheidung von „rechts" und „links" bei. Das geht folgendermaßen: Sie geben das „Sitz"-Signal und fordern Ihren Hund mit „Bleib" zum Warten auf. Dann legen Sie ein Platzdeckchen deutlich rechts vom Hund auf den Boden, das andere Set wird deutlich links von ihm platziert, jeweils in circa zwei Metern Abstand zum Hund. Unter das linke Set legen Sie heimlich einige Leckerchen. Gehen Sie zu Ihrem Vierbeiner zurück und belohnen Sie ihn für das Warten. Nun stellen Sie sich neben Ihren Vierbeiner. Schicken Sie ihn, mit deutlich erhobenem linkem (!) Arm und auf das linke Deckchen weisender Hand, unterstützt durch das Signal „links" los. Halten Sie Ihren linken Arm erhoben, beeinflussen den Hund jedoch nicht weiter. Entscheidet er sich richtig und geht zum linken Deckchen, loben Sie ihn und helfen ihm anfangs, das Futter unter dem Set hervorzuholen. Hat er das falsche Deckchen erwischt, wird er feststellen, dass es dort nichts zu holen gibt. Durch seinen Erfolg (Futter gefunden) beziehungsweise Misserfolg (kein Futter unter dem Deckchen) wird er bald lernen, dass er gut beraten ist, auf Ihr Hand- und Hörzeichen zu achten.

Natürlich wechseln Sie ab und zu die Seiten, ganz ohne System. Zum rechten Deckchen wird der Hund mit Ihrem rechten Arm und dem Hörzeichen „rechts" geschickt.

Klettern, Kriechen, Balancieren

Wartet in Ihrem Keller ein altes Kinderplanschbecken auf neue Einsatzchancen? Eine gute Möglichkeit, den Hund an Wasser zu gewöhnen. Eine schöne Beschäftigung für heiße Sommertage ist es, im Planschbecken nach Leckerchen zu fischen, im niedrigen Wasser Sitz, Platz oder Steh auszuführen oder sich einfach genussvoll darin zu rekeln und auszuruhen. Durch einen Tunnel kriechen oder eine Entdeckungstour über die Knisterplane sorgen für neue Reize.

Planenhaufen

Gestalten Sie aus einer Plastikplane eine bergige Landschaft, indem Sie diese gut geknüllt drapieren und mit Leckerchen bestücken. Der Hund soll sich nun durch die Plane arbeiten, darüber gehen oder darunter hindurchkriechen – machen Sie mit, gehen Sie gemeinsam auf Entdeckungstour im eigenen Garten.

Kriechtunnel aus Stühlen

Stellt man eine Reihe von Stühlen nebeneinander, entsteht darunter ein wunderbarer

Es erfordert ganz schön viel Geschick und Koordination, durch den Reifentunnel zu gehen.

Kriechtunnel. Laden Sie Ihren Vierbeiner mit der magnetischen Futterhand dazu ein, unter den Stühlen hindurchzukriechen. Sie können ihn auch schlangenlinienförmig krabbeln lassen oder mit einem „Warte" zum kurzen Innehalten auffordern.

Slalom

Stellen Sie Stiefel oder Getränkekisten im Abstand von circa 50 Zentimetern zueinander auf. Während Sie an der Hindernisreihe seitlich vorbeigehen, führen Sie den Hund mit der magnetischen Hand im Slalom um die Hindernisse. Achten Sie darauf, dass er sich gut in beide Richtungen biegt und führen Sie ihn nicht zu schnell – es geht hierbei um die Koordination, nicht um Tempo und Leistung.

Die Hocker-Übung

Besitzen Sie einen niedrigen, standfesten Hocker? Er kann hervorragend zum Sport- und Gymnastikgerät für Hunde verwandelt werden. Führen Sie den Hund mit der magnetischen Futterhand so, dass er sich mit den Vorderpfoten mittig auf den Hocker stellt, die Hinterhand jedoch am Boden bleibt. Er soll in dieser Position bleiben und erhält dort Leckerchen. Wiederholen Sie das Hochklettern und das gestreckte Stehenbleiben.

Turn around auf einem Hocker

Wenn sich der Hund wohl fühlt und aus-balanciert steht, können Sie die Schwierigkeit erhöhen. Nun soll der Hund mit den Hinterpfoten langsam, Schritt für Schritt, um den Hocker herumwandern, während die Vorderpfoten oben bleiben. Locken Sie die Nase des Hundes in die richtige Position und laufen Sie mit ihm mit. Durch Ihre Körpersprache „schieben" Sie ihn seitlich von sich weg, ohne ihn dabei zu berühren oder ihm gar aus Versehen auf die Pfoten zu treten. Für jeden Schritt, mit dem er Ihnen seitlich ausweicht, erhält er ein Leckerchen.

Seitenwechsel

Wechseln Sie die Seite und veranlassen den Hund nun in die andere Richtung zu treten, die Vorderhand des Hundes bleibt dabei auf dem Hocker. Da diese Übung viele Muskelgruppen

Gesundheitsfördernde Bewegungsübungen wie Slalom oder kleine Hürden machen Spaß ...

... und liegen fernab jeglicher „Höher-schneller-weiter"-Mentalität.

stärkt, die sonst eher wenig trainiert werden, strengt es den Hund ziemlich an. Halten Sie die Übungszeiten anfangs kurz. Ein bis zwei Minuten reichen für die ersten Trainingssequenzen aus, schließlich wollen wir keinen Muskelkater hervorrufen. Mit zunehmender Kräftigung können Sie die Trainingseinheiten verlängern. Der Hund darf dabei jederzeit aussteigen und die Übung beenden, wenn sie zu anstrengend für ihn werden sollte. Versüßen Sie ihm die Mitarbeit mit besonders vielen Leckerchen. Sehr kleine Rassen können diese Übung auf einem Ziegelstein durchführen, für sehr große Hunde kann man einen passenden Steinblock am Wegesrand oder einen am Boden liegenden, ausgemusterten Autoreifen nutzen.

Von oben nach unten

Wenn Sie besonders ehrgeizig sind, können Sie die Übung auch umdrehen. Nun steht der Hund mit den Hinterpfoten auf dem Hocker, streckt das Hinterteil in die Luft und die Vorderpfoten wandern am Boden rundherum. Wie bekommt man den Hund in diese Position? Am besten führen Sie den Hund mit der magnetischen Hand quer den Hocker und stoppen ihn, sobald sich die Hinterpfoten auf dem Hocker befinden.

Just for fun

Denken Sie bei allen Übungen daran, dass sie dem Hund Spaß machen sollen. Zwingen Sie ihn niemals, etwas zu tun, was er nicht will. – Sie würden nur seine Abneigung erhöhen und eventuell einen Vertrauensbruch herbeiführen. Sehen Sie die Aufgabenstellungen als „Einladung" an. Zeigt sich der Hund ängstlich, dann respektieren Sie dies und gehen zu einer anderen, leichteren Aufgabe über. Merken Sie sich die Situation und versuchen Sie in den nächsten Wochen immer wieder mal, dem Hund ein klein wenig von seiner Angst zu nehmen. Führen Sie ihn in die Nähe des Objekts und füttern Sie ihn. Anschließend vergrößern Sie den Abstand wieder. Ein- oder zweimal genügen! Bald wird er erkennen, dass er Ihnen vertrauensvoll folgen kann, auch wenn „beängstigende Objekte" vorhanden sind. Freuen Sie sich über minimale Fortschritte und lassen Sie ihm Zeit, sich in schwierigen Situationen zurechtzufinden. Nur die Freiheit, jederzeit aussteigen zu dürfen, wird ihm eines Tages Mut geben, es doch einmal zu versuchen. Freuen Sie sich mit ihm.

Gemeinsam
unterwegs

Der Spaziergang

Ob die Beziehung zwischen Mensch und Hund stimmt, wird bei Spaziergängen besonders deutlich. Nutzen Sie die gemeinsamen Touren, um eine Art unsichtbare Leine zwischen Hund und Mensch aufzubauen. Strebt der Hund weit voraus und beschäftigt sich am liebsten selbst oder bleibt er in der Nähe des Menschen, schaut häufiger zu ihm hinüber und sucht dessen Kontakt? Erst dann fühlt sich der Hund mit seinem Menschen verbunden.

Innere Verbundenheit

Hängt der Hundehalter seinen Gedanken nach, telefoniert, unterhält sich mit seinen Mitmenschen oder achtet er auf seinen Hund? Erwidert er dessen Blickkontakte und belohnt ihn häufig für sein Kommen? Gerade auf Spaziergängen ist eine innere Verbundenheit wichtig, damit der Hund bald auch ohne Leine Gehorsam zeigt und willig kommt. Nur dann können Mensch und Hund entspannt spazieren gehen.

Tausend neue Eindrücke

Die meisten Hunde finden es äußerst spannend, Stadt und Land zu durchstreifen. Tausend Gerüche und Geräusche, andere Menschen und Tiere strömen auf ihn ein. Je jünger der Hund ist oder je weniger Lebenserfahrungen er machen konnte, desto stärker wirken die Umweltreize auf ihn. Diese können Ihren Vierbeiner ablenken, aber auch verunsichern oder sogar massiv ängstigen.

Ängstliche Hunde

Wenn Sie einen eher unsicheren Vierbeiner besitzen, sollten Sie ihn langsam an alles Neue gewöhnen und zwischendurch für stressfreie Tage sorgen, damit er sich ausruhen kann. Halten Sie zu den Angstauslösern (fremde Menschen, Autos, fremde Tiere und so weiter) so viel Abstand, dass Ihr Hund sie zwar noch wahrnimmt, jedoch weder bellen noch flüchten noch angreifen möchte. Belohnen Sie jeden entspannten Blick zum angsteinflößenden Objekt mit freundlichen Worten und Futter. Gehen Sie stets in einem weiten Bogen daran vorbei, während Sie freundlich mit ihm sprechen. Zwingen Sie den Hund nicht, sich dem Gegenstand zu nähern, vor dem er Angst hat. Nur Abstand hilft ihm, sich mit dem Neuen auseinanderzusetzen und die Erfahrung zu machen, dass ihm an Ihrer Seite nichts passieren wird. Bei Ihnen ist er sicher.

Nicht nur dieselbe Strecke zu absolvieren, sondern gemeinsam unterwegs zu sein, ist unser Ziel.

Das Passieren im weitläufigen Bogen heißt in Hundesprache so viel wie: „Wir sind in friedlicher Mission unterwegs und suchen keinen Konflikt." Bietet die Umgebung keine Möglichkeit zum Ausweichen, dann kehren Sie um. Nach einigen Metern findet sich bestimmt eine Stelle, an der Sie mehr Platz haben für einen weiträumigen Bogen.

Durch größeren Abstand, Bogen gehen und viel Belohnung für ruhiges Verhalten, könnten auch diese Hunde lernen, friedlich vorüberzugehen.

 ## Ein guter Chef

Wenn Sie ausweichen oder umkehren, nimmt der Hund das nicht als Schwäche wahr. Ganz im Gegenteil: Ein guter Chef bewahrt Ruhe, strahlt Sicherheit aus und führt sein Team aus Konflikten heraus und nicht blindlings hinein.

Selbstsicherheit gewinnen

Wenn sich Ihr Hund darauf verlassen kann, dass Sie in allen Situationen für genügend Abstand sorgen werden und ihm den notwendigen Raum sichern, gewinnt er zunehmend an Selbstsicherheit. Bald wird er auch mit weniger Abstand zurechtkommen können – im Vertrauen darauf, dass Sie auf ihn achten und für seinen Schutz sorgen werden. Rechtfertigen und bewahren Sie dieses Vertrauen als kostbares Gut.

Aggressive Vierbeiner

Zeigt sich Ihr Hund aggressiv gegenüber anderen Lebewesen oder Dingen, liegt der Grund meistens in einer tiefen Verunsicherung. Ändern Sie Ihr eigenes Verhalten drastisch. Hüten Sie sich vor harten Worten oder Bestrafungen wie Leinenruck, Sprayhalsbändern, Disc-Scheiben oder Ähnlichem, wenn Ihr Hund andere anbellt. Die Verunsicherung des Hundes würde dadurch nur noch größer und seine Aggressionsbereitschaft immer stärker werden. Auch wenn Sie das aggressive Verhalten durch diese Hilfsmittel kurzfristig hemmen könnten, wird das Problem nicht behoben, sondern nur verlagert. Der Hund lernt daraus nicht, wie er sich eigentlich verhalten soll. Das Vertrauen zu Ihnen schwindet, denn Sie sind ja unmittelbar dabei, wenn er die Strafe spürt. In Ihrer Nähe ergeht es ihm schlecht – warum sollte er sich künftig vertrauensvoll an Sie wenden?

Unterdrückte Aggressionen

Eine durch Strafe unterdrückte Aggression kann völlig unerwartet ausbrechen und wahllos den Nächstschwächeren treffen. Eine unterdrückte Aggression ist weitaus gefährlicher als jede offensichtliche.

Abstand halten und Sicherheit geben

Gehen Sie das Problem ähnlich an, wie in den vorigen Absätzen beschrieben. Halten Sie genügend Abstand zum aggressionsauslösenden Reiz und sorgen Sie für viele positive Verknüpfungen mit diesem. Freundliche Worte, Ablenken mit Leckerchen und Bogen gehen ändern das Weltbild des Hundes im Lauf der Zeit. Er lernt darauf zu vertrauen, dass Sie alles im Griff haben und für Sicherheit und Ruhe sorgen – eben wie ein guter Chef. Anstatt wütend zu bellen, ist es doch viel angenehmer, gemeinsam mit Ihnen auf Leckerchensuche zu gehen, wenn andere Hunde auftauchen.

Enge Gassen meiden

Meiden Sie enge, unübersichtliche Gegenden. Denn jedes Mal, wenn der Hund das unerwünschte Verhalten zeigt (ängstliches Meiden, wütendes Bellen), trainiert er sich selbst darin. Er wird immer „besser" im Meide- beziehungsweise Aggressionsverhalten. Unsere Taktik ist, durch vorausschauendes Umweltmanagement „gefährliche" Situationen zu vermeiden und viele positive Erfahrungen in genügend großem Abstand zum betreffenden Reiz zu vermitteln.

Auf, auf!
Zur fröhlichen Jagd

Wenn Sie mit Ihrem Hund unterwegs sind, soll er sich versäubern, ausgiebig schnuppern dürfen und interessante Dinge erleben. Denken Sie daran, dass er viele Stunden am Tag im langweiligen Haus verbringen muss. Dort kennt er längst jeden Winkel. Die gemeinsamen Touren bieten daher eine willkommene Abwechslung. Beweisen Sie ihm, dass Sie ein kompetenter Jäger sind. In Ihrer Nähe wächst Wurst auf Sträuchern und Beute haben Sie bereits „erlegt" in der Tasche.

Auf Beutezug

Dabei dürfen wir Menschen eines nicht außer Acht lassen. Nur wir Zweibeiner gehen spazieren, unser Hund geht jedoch auf „Jagd- und Beutezug". Auch im kleinsten Kuschelhund erwachen uralte Wolfsinstinkte. Die vielfältigen Gerüche von Beutetieren und das Rascheln in der Wiese sind unglaublich spannend, der Anblick fremder Tiere löst großes Interesse aus und fesselt die Aufmerksamkeit des Hundes. Gerade junge Vierbeiner sind buchstäblich hingerissen von der Außenwelt. Kein Wunder, dass es auf Spaziergängen zunächst recht schwierig ist, die Aufmerksamkeit des Hundes auf sich zu lenken. Durch einfache, aber sehr wirksame Übungen können Sie sich eine zentrale Rolle im Hundeleben erarbeiten. Fleiß und Aufmerksamkeit sind gefragt, auch das Wissen um natürliche Verhaltensmuster von Hunden, deren Körpersprache und Lebenseinstellung.

Fesseln Sie seine Aufmerksamkeit

Ihre erste Aufgabe ist es, jede Kontaktaufnahme seitens des Hundes zu belohnen. Beobachten Sie sein Ohrenspiel, wann dreht er ein Ohr zu Ihnen? Das wäre bereits die erwünschte Kontaktaufnahme. Auch wenn er sich zu Ihnen dreht oder aus eigener Initiative zu Ihnen kommt, ist das natürlich fördernswert. Immer (!), wenn er Kontakt aufnimmt, loben Sie ihn und bieten ihm ein Leckerchen an. Bleiben Sie dabei stehen oder gehen Sie sogar ein oder zwei Schritte zurück. Bald merkt der Vierbeiner, dass er die Initiative übernehmen kann und dass sich die freundliche Kooperation mit dem Menschen auch unterwegs lohnt. Das Ziel ist, dass der Hund immer häufiger zu Ihnen schaut, lauscht oder kommt. Seien Sie großzügig und spannend. Werfen Sie das Leckerchen mal hinter sich, mal im hohen Bogen dem Hund zu. Sprinten Sie einige Meter in die entgegengesetzte Richtung und loben Sie Ihren Hund enthusiastisch (jedoch ohne ihn dabei zu streicheln!), wenn er mitkommt.

Ab ins Schlaraffenland

Präparieren Sie einen Busch oder einen Baumstamm mit Wurststreifen oder Käsestückchen und zeigen Sie Ihrem Hund, was Sie Tolles gefunden haben. „Ernten" Sie gemeinsam den Baum ab.

Verstecken Sie ein Stück Trockenpansen unter dem Laub und tun so, als ob Sie es gerade gefunden hätten – bevorzugt unter kräftigem Jubeln und einem „Schau-was-ich-gefunden-habe"-Schlachtruf. Lassen Sie andere Leute denken, was Sie wollen, je überzeugender Sie schauspielern, desto toller findet Ihr Hund Sie. Vermitteln Sie Ihrem Hund, dass Sie ein besonders erfolgreicher Schatzsucher sind. Wenn er in Ihrer Nähe bleibt, wachsen Wurststreifen auf den Sträuchern, stecken Käsestückchen in Baumrinden, sind die Büsche mit Leberpaste betupft – welch ein Schlaraffenland!

Sein Name kündigt ihm an, dass es gleich ein Leckerchen zu fangen gibt. Futterwerfen gehört auf jeden Spaziergang.

Aufpassen lohnt sich

Fügen Sie einige Passagen ein, in denen Sie seinen Namen rufen und unmittelbar danach ein Leckerchen werfen – mal in seine Richtung, mal seitlich in die Wiese, mal etliche Meter zurück. Ihr Hund soll aufpassen und schnell reagieren, wenn er seinen Namen hört. Bauen Sie auch immer wieder die eine oder andere Basis-, Aufbau- oder Beschäftigungsübung in Ihren Spaziergang ein. Nutzen Sie die Gegebenheiten der Natur für kleine Übungen. Lassen Sie ihn über einen liegenden Baumstamm balancieren, vorwärts und rückwärts gehen oder auf engstem Raum wenden.

Sitz, Platz oder Steh auf schmalen Stämmen oder großen Steinen fördert die Koordinationsfähigkeit des Hundes und festigt den Gehorsam.

Wenn Sie die Richtung ändern oder umkehren, sollten Sie den Hund nicht rufen. Er soll darauf achten, Sie nicht zu verlieren und nicht umgekehrt.

Nur einmal rufen

Achten Sie ganz penibel darauf, jedes Signal nur einmal zu geben. Der Gehorsam kann nur dann zuverlässig werden, wenn der Hund x-mal die Erfahrung macht, dass er das jeweilige Hörzeichen genau in dem Moment hört, in dem das zugehörige Verhalten abläuft. Der Mensch passt sein Hörzeichen also anfänglich dem hundlichen Verhalten an. Um das gewünschte Verhalten hervorzurufen, setzen Sie die magnetische Hand ein. Erst wenn er auf die Hand richtig reagiert und sich Ihnen anschließt, erfolgt das Signal „Komm" und der Hund erhält ein Leckerchen. Befinden Sie sich einige Meter vom Hund entfernt, erregen Sie durch diverse Lockgeräusche oder Schnalzen seine Aufmerksamkeit. Sie können auch einige Meter wegrennen. Geht er auf die Einladung ein und kommt zu Ihnen, rufen Sie voller Freude „Bello, komm" und geben ihm eine besonders tolle Belohnung. Spielt er lieber weiter mit seinem Hundefreund, anstatt zu Ihnen zu flitzen, haben Sie sich nichts verbaut, denn Sie hatten ja noch kein Hörzeichen gegeben.

Wie spannend: In der Nähe der Menschen „wächst Wurst auf den Bäumen".

Der Hund darf und soll sich ausgiebig mit dem Wurst-Baum beschäftigen.

Die Schleppleine

Im Lauf der Zeit wird das Hörzeichen zum Auslöser für das gewünschte Verhalten. Allerdings ist das ein fließender Prozess und wenn Sie sich nicht sicher sind, ob Ihr Vierbeiner schon gut genug hört beziehungsweise zur Mitarbeit bereit ist, können Sie seine Aufmerksamkeit durch ein Schnalzen testen. Hörzeichen werden in der Anfangsphase erst ausgesprochen, wenn Sie Ihr Auto dafür verwetten würden, dass Ihr Hund wie gewünscht reagieren wird.

Einsatz der Schleppleine

In manchen Trainingsphasen empfiehlt es sich, den Radius des Hundes durch eine Schleppleine einzuschränken. Das kann mit dem Eintritt der Pubertät sein, also ab ca. dem 6. Lebensmonat. Während der Welpe seinem Menschen anfangs noch auf Schritt und Tritt folgte, ändert sich das während der Pubertät. Das Gehirn strukturiert sich um, der Hormonspiegel verändert sich, die jungen Hunde werden zunehmend eigenständiger, entdecken die Welt und entwickeln neue Interessen. Junge Rüden erkennen plötzlich, dass es auch Hündinnen gibt, die verlockend duften können. Junge Hündinnen mögen nicht mehr vorbehaltlos mit anderen Hündinnen spielen.

Kleine Rückschritte

Ihr Welpe war ein Musterschüler und plötzlich hat er alles vergessen? Ganz natürlich! Er lässt sich leichter ablenken und beim Spaziergang wiederholt bitten, bevor er sich widerwillig von einem Geruch losreißen kann. Beim Spiel mit Artgenossen könnte man manchmal meinen, der Junghund habe seine Ohren zu Hause gelassen – von Gehorsam keine Spur. Verzweifeln Sie nicht. Auch Menschenkinder werden in der Pubertät schwieriger. Eine ganz normale Phase auf dem Weg zum Erwachsenwerden.

▶ Nur mit Brustgeschirr

Beachten Sie bitte, dass eine Schleppleine ausschließlich an einem Brustgeschirr befestigt werden darf und stets locker durchhängen soll.

Ansprüche zurückschrauben

Reduzieren Sie die Anforderungen, machen Sie es ihm leichter und belohnen Sie ihn trotzdem großzügig, auch für kleine Leistungen. Achten Sie sehr darauf, jegliche Tendenz des Junghundes, sich im Gelände zu verselbstständigen, frühzeitig zu unterbinden. Hat ein Hund erst einmal die Erfahrung gemacht, wie viel Spaß es macht, quer durch Wald und Wiesen zu streifen, Hasen aufzuscheuchen oder Vögeln nachzujagen, wird es immer schwieriger, ihm solche Flausen abzugewöhnen. Die Schleppleine ist für die Erziehung pubertierender Vierbeiner obligatorisch. Sie bietet Kontrolle über die Distanz, die sich der Hund von Ihnen entfernen kann.

Wie die Schleppleine beschaffen sein soll

Erste Aufgabe des Hundebesitzers ist es, dafür zu sorgen, dass der Hund an locker (!) durchhängender Schleppleine läuft. In der Regel ist eine Schleppleine circa zehn Meter lang. Sie sollte aus möglichst leichtem Nylongurt bestehen und über einen leichten, stabilen Karabinerhaken verfügen. Wählen Sie Leinenstärke und Karabinergröße je nach Gewicht des Tieres aus – so viel wie nötig, so wenig wie möglich. Die Schleppleine wird mit dem Karabiner am Brustgeschirr des Hundes befestigt, das andere Ende mittels Handschlaufe vom Menschen gehalten. Dazwischen hängt die Leine durch und „schleppt" über den Boden.

Konstante Leinenlänge

Verändern Sie die Leinenlänge nicht, wickeln Sie sich nicht diverse Leinenschlaufen um die Hand, sonst würde sich die Länge der Leine ständig verändern. Der Vierbeiner soll ja lernen, den ihm zur Verfügung stehenden Radius von circa zehn Metern einzuhalten. Das kann er nur, wenn der Radius unverändert bleibt. Da wir dem Hund auch eine Reaktionszeit zugestehen müssen, sollten wir den Hund spätestens dann zur Umkehr bewegen, wenn er sich circa acht Meter von uns entfernt hat. Etwas später würde sich die Leine straffen, was wir vermeiden wollen. Missbrauchen Sie die Schleppleine nicht für Leinenrucke oder gar, um den Hund „zurückzuangeln".

Wenn der Hund immer die Erfahrung macht, dass er nach spätestens acht Metern umkehrt (weil Sie gerade ein tolles Futterdepot am Wegesrand gefunden haben, Leckerchen werfen oder einige Meter in die entgegengesetzte Richtung laufen), tut er das bald automatisch. Belohnen Sie jede Kontaktaufnahme oder jedes Herankommen an der Schleppleine fürstlich.

Eine feste Umlaufbahn

Wenn Sie über mehrere Monate hinweg üben, wird sich der Hund später auch ohne Schleppleine so verhalten: Er hat gelernt, in Ihrer Nähe zu bleiben und bewegt sich wie ein Mond um seinen Planeten herum. Der Hund hat dabei eine „Umlaufbahn" von 16 bis 20 Metern, in der er sich frei bewegen kann.

Langzeit-Leine

Machen Sie nicht den fatalen Fehler, schon nach kurzer Zeit auszuprobieren, ob „es" jetzt schon ohne Schleppleine funktioniert. Ihr Hund würde nämlich sehr schnell lernen zu prüfen, ob er angeleint ist oder nicht – und dementsprechend gehorchen oder eben nicht. Bleiben Sie konsequent und führen Sie den Hund überall dort, wo der Freilauf später erlaubt sein wird, an der Schleppleine. Beschäftigen Sie ihn dabei ausgiebig, lassen Sie ihn aber auch immer wieder ungestört schnuppern. Erst nach mindestens drei Monaten und nachdem Sie mehrere knifflige Situationen (fremde Menschen, Hunde oder Wild) erfolgreich gemeistert haben, ihn zuverlässig an lockerer Leine heranrufen konnten, können Sie damit beginnen, die Schleppleine an ablenkungsarmen Orten vereinzelt wegzulassen. In kritischen Situationen sollten Sie sie lieber dranlassen, sozusagen als Netz und doppelter Boden. Wenn Ihr Hund auch dann hört, hat er eine Riesenbelohnung verdient.

Plötzlich taucht ein anderer Hund auf, dies lenkt die junge Hündin ab. Eine gute Gelegenheit, um ein „Komm" mit Stolperstein abzufragen.

Danach gibt es eine große Belohnung für richtiges Verhalten. Die Schleppleine hätte die Hündin gestoppt, falls sie der Ablenkung erlegen wäre.

Spaziergängern begegnen

Die Öffentlichkeit sieht Hunde hauptsächlich als Verursacher von Tretminen, im Wald stört sich der Jäger an frei laufenden Hunden und auf Feldwegen kollidieren die Interessen von Joggern, Walkern und Reitern teilweise erheblich mit dem Wunsch eines Hundehalters, seinen Hund frei und ungestört laufen zu lassen. Jeder rücksichtsvolle Hundehalter ist daher eine tragende Hilfe, das negative Bild über Hunde und Hundehaltung zu revidieren.

Begegnung mit Passanten

Selbst wenn Ihr Hund ganz brav seines Weges gehen würde, nehmen Sie ihn für einen Moment zu sich, wenn andere Passanten vorübergehen. Eine gute Variante ist es, den Hund außen an den Wegesrand zu setzen, sich selbst vor den Hund zu stellen, diesen zu füttern und freundlich mit ihm zu reden, während die Spaziergänger vorbeigehen. Es ist auch möglich, den Hund auf die abgewandte Seite zu nehmen, einen kleinen Bogen zu machen, unter lobenden Worten die Fremden zu passieren. So lernt Ihr Hund einerseits, sich richtig zu verhalten, wenn Spaziergänger auftauchen und andererseits wird nach außen deutlich, dass Sie rücksichtsvoll sind und Ihren Hund unter Kontrolle haben. Gerade hundeängstliche Mitmenschen oder Eltern, die mit Kind und Kegel unterwegs sind, werden dankbar sein, wenn Sie sich als verantwortungsbewusster Hundehalter zeigen.

Bitte anleinen

Reagiert Ihr Hund auf andere Personen, sollten Sie ihn an der Leine führen. Achten Sie darauf, dass die Leine zwar so kurz gehalten wird, dass der Hund keinesfalls zu den Personen gehen kann, der Karabinerhaken jedoch locker herabhängt. Wie immer ist eine gestraffte Leine fehlerhaft, prüfen Sie sich im Hundetraining diesbezüglich immer wieder selbst.

Bei gutem Futterhonorar lässt das Interesse an den Spaziergängern bald nach.

Hundetreffen

Begegnen sich zwei Hundehalter, gehört jeder Hund an die Seite seines Menschen. Rufen Sie ihn daher rechtzeitig zu sich, belohnen sein Kommen und leinen ihn an. An lockerer Leine soll der Hund nun auf der abgewandten Seite bleiben, während Sie den anderen Hundehalter passieren. Laufen Sie einen leichten Bogen, loben Sie ihn und stecken Sie ihm ein paar Leckerchen zu. Das entschädigt Ihren Hund, dass er den Kumpel nicht kennenlernen darf. Ein freundlicher Gruß zum Hundehalterkollegen und nach einigen Metern können Sie Ihren Vierbeiner wieder entlassen.

Spaziergänger werden zum Signal

So ist es richtig: Der Hund befindet sich stets auf der zum Fremden abgewandten Seite.

Bei gutem Timing erreichen Sie, dass Ihr Hund bald selbstständig zu Ihnen kommt, sobald er andere Menschen sieht. Immer wenn sich Ihr Hund fremden Personen nähern möchte, beginnen Sie eine tolle Futterdepotsuche am Wegesrand oder eine andere Tätigkeit, die ihm Spaß macht. Verzichten Sie auf Kommandos, sondern verwenden Sie in dieser Situation Ihren individuellen „Schlachtruf" im Sinne von „Schau, was ich gefunden habe …" Bald lernt der Hund: „Sobald fremde Personen/Hunde auftauchen, bricht bei meinem Menschen das Schlaraffenland aus". Das will er keinesfalls verpassen und wird Sie daher genau im Auge behalten, ganz besonders in Anwesenheit anderer Hundehalter oder Spaziergänger. Halten Sie stets soviel Abstand zu den Fremden ein, dass der Hund noch Zeit zur Leckerchensuche hat und nicht zu stark abgelenkt wird. Sind Sie zu dicht am anderen Hund, ist die Anziehungskraft manchmal stärker als die Futtergier. Sie sollten fremde Personen oder Hunde immer einen Moment früher wahrnehmen als Ihr Hund. Nur so können Sie rechtzeitig Ihr Futterhandling beginnen und für genügend Abstand sorgen. Die Schleppleine sichert ab, dass Bello nicht entwischen kann.

Rückruf ohne Grund

Rufen Sie Ihren Hund ab und zu ohne Anlass zu sich, leinen ihn für ein paar Meter an, belohnen ihn mit Futter und entlassen ihn bald wieder. Geht Ihr Hund einige Meter voraus,

dann rufen Sie ab und zu ein knackiges „Kehrt", drehen auf dem Absatz herum und sprinten in die entgegengesetzte Richtung. Sobald der Hund bei Ihnen eintrifft, erhält er eine Handvoll Leckerchen und Sie setzen den Spaziergang mit einem „Ok" in die ursprüngliche Richtung fort. Verwenden Sie das „Kehrt" auch hin und wieder, um den Hund von anderen Spaziergängern, Reitern, Wild oder Sonstigem abzuwenden. Machen Sie ein Spiel daraus: Lässt Ihr Hund Sie nicht mehr aus den Augen, weil er jeden Moment ein tolles „Kehrt" erwartet, haben Sie das Ziel erreicht.

Sympathien und Antipathien

Erwachsene Hunde spielen meist nicht mehr vorbehaltlos mit Artgenossen. Lösen Sie sich von dem Gedanken, Ihr Hund müsse sich mit allen vertragen. Hunde haben keinen Heiligenschein. Natürlich gibt es viele sozial ausgeglichene und verträgliche Hunde. Aber die Erwartung, dass ein Hund nie streiten wird, ist unrealistisch. Auch wir Menschen haben Sympathien und Antipathien, pflegen Freundschaften und Feindschaften. Auch bei Hunden ist das so. Erwarten wir von unserem Hund nicht mehr, als wir selbst leisten können. Wichtig ist, dass wir diejenigen, die wir nicht so gut leiden können, einfach in Ruhe lassen und nicht permanent versuchen, einen Streit anzuzetteln.

Hundebegegnungen

Eine handfeste Rauferei unter Hunden hat neben den möglichen körperlichen Verletzungen immer auch psychische Nachwirkungen. Viele Hunde reagieren später aggressiv auf alle Artgenossen, die dem damaligen Raufkumpan im Erscheinungsbild ähneln. Erziehen Sie Ihren Hund dazu, an fremden Hunden vorüberzugehen – so reduzieren Sie die Gefahren eines negativen Hundekontaktes erheblich. Kontakte erlauben Sie nur mit ausgesuchten Hundefreunden.

Psychischer Knacks durch Raufereien

Manche Hunde sind nach einer Rauferei generell misstrauisch gegenüber anderen Hunden und verlieren an Souveränität, um kleinere Provokationen auch mal ignorieren zu können. Negative Erlebnisse im Jugendalter prägen sich ganz besonders tief in die Hundeseele ein.

Fatal wird es, wenn Hunde erfahren, dass Sie durch solche Raufereien ein „gutes Gefühl" bekommen. Im Körper werden nämlich Stoffe produziert, die das Schmerzempfinden senken und die Reaktionsschnelligkeit vorübergehend erhöhen. Notorische Raufer haben das entdeckt und suchen Streit, um dieses Feeling zu bekommen – ähnlich einer Drogensucht. Lassen Sie es nicht so weit kommen. Verhindern Sie durch vorausschauendes Handeln nach Möglichkeit, dass Ihr Hund in eine Rauferei verwickelt wird.

Häufige Hundekontakte

Im Welpenalter sollte Ihr Hund häufig Kontakt mit anderen Welpen ähnlicher Körpergröße und -stärke sowie zu gut sozialisierten erwachsenen Hunden haben. Dadurch lernt er die Hundesprache anzuwenden und beim Kontakt mit anderen Hunden richtig zu reagieren. Ein breites Repertoire an Droh-, Spiel- und Beruhigungssignalen lernt der Hund im spielerischen Kontext. Achten Sie in der Welpenschulzeit unbedingt darauf, dass Ihr „Kleiner" nicht von einer Horde körperlich überlegener Junghunde

Junge Hunde spielen gern mit Artgenossen. Im Erwachsenenalter braucht der Hund nur ein paar feste Hundefreunde.

gejagt wird. Flüchtet ein Welpe schreiend vor seinen Spielgenossen, müssen Sie sofort einschreiten. Nehmen Sie ihn auf den Arm oder gehen Sie in die Hocke und nehmen Ihren Hund schützend zwischen die Knie. Die anderen Hunde halten Sie sanft, aber bestimmt von ihm fern. Verschaffen Sie ihm zunächst eine Möglichkeit, sich auszuruhen.

Schützen Sie ihn

Nicht jeder Konflikt regelt sich „von allein", wie in manchen Welpengruppen propagiert wird. Kommt Ihr Hund in Not, dann ist es Ihr Job, ihm zu helfen und Sicherheit zu bieten. Beobachten Sie das Spiel der Hundekinder. Natürlich geht es auch mal etwas ruppiger zu, da wird geknurrt und sich gegenseitig niedergedrückt, da zwickt auch mal der eine dem anderen ins Ohr und der Betroffene quiekt laut auf. Solche kleinen Auseinandersetzungen gehören zum Lernen dazu. Befindet sich mal der eine und mal der andere in der unterlegenen Position und löst sich das Gerangel in einem Laufspiel auf, sind das Zeichen für ein gutes Miteinander. Bleiben Sie aufmerksam und hören Sie auf Ihren „Bauch". Wird immer ein bestimmter Welpe massiv gejagt und unterdrückt, hat man fast den Eindruck, die ganze Gruppe habe sich gegen ihn verschworen, dann ist Vorsicht geboten. Das Opfer braucht wahrscheinlich menschliche Hilfe, um aus dieser Situation unbeschadet herauszukommen. Auch unter Hunden gibt es Mobbing. Sind Sie der Meinung, dass Ihr Welpe im Moment zu sehr bedrängt wird, dann nehmen Sie ihn für einen Moment aus der Gruppe heraus. Kurze Spiel- und Erholungspause. Diese Entscheidung müssen Sie niemandem erklären – auch Welpengruppenleiter können sich irren.

Begegnungen mit Erwachsenen

Suchen Sie mit Ihrem Welpen auch den Kontakt zu gut sozialisierten, erwachsenen Hunden, möglichst verschiedener Rasse und Größe. Dort lernt er den Hunde-Knigge mit all seinen Höflichkeitsregeln am besten.

Kommt Ihr Hund in die Pubertät, also ungefähr ab dem sechsten Lebensmonat, verändert sich sein Spielverhalten. Aus dem Baby wird ein (manchmal etwas rüpeliger) Jugendlicher. Auch in dieser Phase ist der Kontakt zu gut sozialisierten, älteren Hunden sehr wichtig. Eine Gruppe Jung-Rüpel würde ich nicht zusammen spielen lassen. Zu schnell wird aus dem Spiel ein grobes Kräftemessen und ein Hund schaut vom anderen ab, wie man einen Kollegen mittels Body-Check umnieten kann. Souveräne ältere Hunde hingegen vermitteln gute Umgangsformen, konfliktarme Spielvarianten und setzen dem Junghund auch die eine oder andere Grenze. Eine gute Schule also für das spätere Leben als erwachsener Hund.

Wertvolle Freundschaften

Unter erwachsenen Hunden ist es fast so, wie bei uns Menschen. Freundschaften sind wertvoll und soziale Kontakte wichtig für die innere Ausgeglichenheit. Wir können jedoch nicht zu jedem Fremden, der zufällig des Weges geht, hinstürmen, ihn überschwänglich begrüßen, ihn umarmen und ihn zu einem Gläschen Wein einladen. Auch wenn wir den anderen noch so sympathisch finden, gehört es sich einfach nicht. Sobald ein Hund erwachsen geworden ist, sollten die Sozialkontakte auf einige Hundefreunde festgelegt werden, mit denen Bello regelmäßig Spaß und Bewegung hat, sein Sozialverhalten artgemäß ausleben und entwickeln kann. An allen anderen, zufällig auftauchenden Hunden soll Ihr Hund freundlich-neutral vorübergehen. Ihr Hund hat so einerseits die wichtigen Sozialkontakte, andererseits reduzieren Sie die Gefahr erheblich, in eine ernsthafte Rauferei verstrickt zu werden, wenn Sie Zufallsbegegnungen unterbinden. Auch wenn der andere Hundehalter versichert, sein Hund „...macht bestimmt nichts". Kommt es doch zu einer Rauferei, dann heißt es hinterher „...das hat er ja noch nie getan" – doch dann ist es schon zu spät. Wägen Sie also gut ab und entscheiden Sie, ob eine Kontaktaufnahme der Vierbeiner sinnvoll ist.

Der erste Weg führt zu Ihnen

Ihr Hund fühlt sich durch eine klare Vorgabe, wie er sich beim Erscheinen fremder Hunde zu verhalten hat, viel wohler, als wenn das nicht geregelt ist und in seiner eigenen Entscheidungsfreiheit steht. Grundsätzlich gilt, dass Bello beim Auftauchen fremder Hunde zunächst zu Ihnen kommen muss, bevor er spielen darf, oder auch nicht. Und wie erreicht man es, dass er bei seinem Menschen bleibt und nicht wahllos zu Artgenossen stürmt?

Sie entscheiden

Treffen Sie zunächst eine klare Entscheidung: Ihr Hund soll immer (!) zu Ihnen kommen, wenn andere Menschen oder Hunde auftauchen. Leinen Sie ihn an und belohnen Sie ihn großzügig. Je nach Situation entscheiden Sie dann, ob Sie vorübergehen beziehungsweise Ihren Hund auf die Seite setzen und das andere Team vorbeigehen lassen oder ob ein Hundekontakt zustande kommen soll. Im ersten Fall halten Sie Ihrem Hund eine tolle Belohnung vor die Nase und geben ihm so lange Leckerchen, bis Sie am anderen Hundehalter vorüber sind, im zweiten Fall wird der Hund im „Sitz" so lange gefüttert, bis der andere Hund vorübergegangen ist.

Hundebegegnung ohne Leine

Haben Sie sich in Absprache mit dem anderen Hundebesitzer dafür entschieden, die Hunde zueinander zu lassen, sollte das möglichst ohne Leine erfolgen. Beide Hunde werden abgeleint und dürfen ungestört „Hallo" sagen. Am besten, setzen Sie den Spaziergang für einige Minuten gemeinsam fort. Bewegung mindert Konfliktsituationen unter Hunden. Starren Sie nicht gebannt auf die Vierbeiner und hüten Sie sich vor strengen oder mahnenden Worten wie „Aber schön brav sein! Bleib mir ja ruhig!", denn die Anspannung des Menschen überträgt sich sofort auf die Hunde. Freundliches Zureden entspannt Sie (weil Sie dabei atmen) und wirkt sich daher auch positiv auf den Hundekontakt aus.

Duch die Platzzuweisung auf der abgewandten Seite wird dem Hund deutlich gemacht, dass im Moment kein Hundekontakt erlaubt ist.

Erst wenn der Mensch ein Zeichen gibt, dürfen die beiden zueinander. Das geht am besten ohne Leine.

Kontakte an der Leine

Dasselbe gilt umso mehr, wenn sich fremde Hunde beschnuppern, jedoch kein Freilauf möglich ist. Gerade an der Leine, die die Möglichkeit zum Ausweichen stark einschränkt, kommt es häufiger zu Konflikten als bei frei laufenden Tieren. Ist kein Freilauf möglich, weil Sie sich beispielsweise in der Nähe einer befahrenen Straßen befinden, sollten Sie es sich doppelt so gut überlegen, ob es tatsächlich sinnvoll ist, die beiden Hunde miteinander Kontakt aufnehmen zu lassen. Treffen Sie eine klare Entscheidung. Haben Sie sich für „Ja" entschieden, müssen Sie auch dazu stehen und den angeleinten Hunden größtmöglichen Raum gewähren, um deren Höflichkeitsritual nicht zu stören. Gehen Sie stets mit lockerer Leine mit, wenn sich die Hunde bewegen. Nach einem kurzen Nasenkontakt werden sich die Hunde bald unter der Rute beschnuppern, dort steckt quasi die Visitenkarte, die Auskunft über Geschlecht, Alter, Rang und weitere wichtige Details gibt. Umkreisen sich die Hunde immer wieder, kann es manchmal besser sein, wenn ein (!) Hundehalter seine Leine loslässt, um einen Leinenknoten zu vermeiden. Da der andere Hund weiterhin an der lockeren Leine gehalten wird, können Sie den Standort der Begegnung auf sicherem Terrain, abseits vom Straßenverkehr, halten. Sprechen Sie sich ab, wer die Leine loslässt – nicht dass der andere Hundehalter es Ihnen vor Schreck gleichmacht. Dann werden sich die beiden Vierbeiner recht bald von Ihnen entfernen und die am Boden schleifenden Leinen bilden ein beträchtliches Verletzungsrisiko. Nach dem Beschnuppern werden die Hunde je nach den empfangenen Infos verschiedene Verhaltensweisen zeigen. Unterwirft sich einer der Hunde, wird es keinen Konflikt zwischen den beiden geben. Entweder löst sich die Begegnung mangels weiterer Interesses auf oder es folgt eine Spielsequenz mit typischen Verhaltensweisen.

Nun reicht's

Wenn Sie den Kontakt beenden möchten, machen Sie Bello mit einigen Zungenschnalzern oder Lockgeräuschen auf sich aufmerksam und führen ihn mit der magnetischen Hand vom Hundekumpel weg. Lief alles friedlich, dann haben Sie einen neuen Hundefreund hinzugewonnen.

Kann nicht abgeleint werden, gilt: Leinen betont locker, gut mit den Hundebewegungen mitgehen und freundlich zureden.

Explosive Atmosphäre

Werden die Hunde nach dem ersten Beschnuppern ganz starr und bewegen sich auffällig langsam oder knurren sich sogar an, dann hilft nur noch eins, um die heikle Situation zu entspannen: Ihr freundliches Zureden und zuckersüßes Säuseln an betont lockerer Leine. Zwingen Sie sich dazu. Wenn Sie nicht reden, werden Sie vor lauter Anspannung die Luft anhalten, die Spannung steigt – und irgendwann eskaliert die Situation. Wenn Sie jetzt die Leine verkürzen, könnte das eine Rauferei auslösen. Also „Leinen locker!"

Ruhe bewahren

Kommt es doch zu einem Konflikt, sollten Sie den Hund entweder ableinen, sofern das noch möglich ist, oder die Leine loslassen. In den meisten Fällen geht das Kräftemessen zwar laut vonstatten, aber es kommt nicht immer zu gefährlichen Verletzungen. Versuchen Sie, Ruhe zu bewahren.

Lockert sich die angespannte Situation durch Ihr Verhalten leicht, führen Sie Ihren Hund mittels magnetischer Hand möglichst ruhig vom anderen Hund weg – das war wahrscheinlich doch nicht der rechte Hundefreund für Sie beide.

Mutterinstinkt und Welpenschutz?

In der Regel bietet die Begegnung zwischen Rüde und Hündin am wenigsten Konfliktstoff. Zwischen den Geschlechtern sind die Fronten schnell geklärt, häufig übernimmt die Hündin die Führung und der Rüde akzeptiert bald die von ihr gesetzten Grenzen. Dass Welpen besonderen Schutz genießen oder Hündinnen grundsätzlich freundlicher auftreten als Rüden, gehört ins Reich der Märchen. Mutterinstinkt verspürt eine Hündin nur gegenüber dem eigenen Nachwuchs.

Rüde und Hündin

Schnuppert der Rüde immer wieder und allzu lästig am Hinterteil der Hündin herum oder zeigt gar Tendenzen, bei ihr aufreiten zu wollen, muss er mit einem Rüffel rechnen. Mit einer kurzen, heftigen Attacke mit Abwehrbellen oder Abwehrschnappen gebietet sie dem aufdringlichen Rüden Einhalt. Akzeptiert er das, ist alles in Ordnung und eventuell beginnen die beiden doch noch ein Spiel.

Akzeptiert er die Abwehr der Hündin nicht und belästigt sie immer und immer wieder, sollten Sie eingreifen. Grundsätzlich darf keiner der Hunde in Bedrängnis geraten. Gehört Ihnen die Hündin, ist es Ihr Job, sie vor weiteren Belästigungen zu schützen. Ohne Ihr Eingreifen wäre Ihre Hündin gezwungen, die Abwehrreaktionen immer heftiger zu gestalten. Viele Hündinnen werden nach einigen solcher Erfahrungen Rüden gegenüber eher unsicher. Greifen Sie rechtzeitig ein und führen Sie Ihre Hündin mittels magnetischer Hand aus dieser Begegnung heraus.

Eine klare Bitte an den Rüdenbesitzer, seinen Hund zu sich zu rufen, wird von diesem hoffentlich unverzüglich befolgt. Besitzen Sie einen Rüden, der dazu neigt, Hündinnen allzu sehr zu bedrängen oder immer wieder versucht aufzureiten, sollten Sie den Kontakt zu körperlich schwächeren Hündinnen meiden und Aufreittendenzen nicht zulassen.

Unerwünschtes Aufreiten

Versucht Ihr Hund aufzureiten, nehmen Sie ihn mit einem Ablenkgeräusch wie „Pssssst!" schnell und deutlich vom anderen Hund herunter. Setzen Sie ihn einfach einen Meter weiter zu Boden. Falsch wäre es, den Namen des Hundes streng oder ermahnend auszusprechen. Der Name soll nur im positiven Kontext verwendet werden, niemals als Warnung oder Drohung.

Stellen Sie sich für zwei bis fünf Sekunden zwischen den eigenen und den fremden Hund. Erklären Sie den anderen Hund dadurch als „Tabu!". Manchmal reicht eine deutliche Klärung und beide Hunde spielen von nun an miteinander.

Hunde gleichen Geschlechts

Begegnen sich zwei gleichgeschlechtliche Hunde, birgt das meist mehr Konfliktstoff. Insbesondere dann, wenn die beiden Tiere ungefähr gleich alt sind. Ein deutlicher Altersunterschied erleichtert die gegenseitige Statuseinschätzung und die Tiere sind sich schneller einig, wer die führende Position bei dieser Begegnung einnimmt. Zeigt einer der Hunde deutliche Demutsgebärden, sollte der überlegene Hund sein Dominanzgehabe reduzieren. Weiterhin auf dem anderen herumzuhacken, während sich dieser schon längst „ergeben" hat, ist nicht in Ordnung. Ein kurzer Moment des Verharrens, in dem der Überlegene nochmals

Gleiches Geschlecht und ähnliches Alter birgt am meisten Konfliktstoff.

seinem Status Nachdruck verleiht – und dann sollten sich die beiden wieder trennen. Keinesfalls darf einer der beiden am Halsband aus der Begegnung gezogen werden, denn das wäre mit Sicherheit der Startschuss für eine ernsthafte Auseinandersetzung. Probieren Sie, den Überlegenen mit der magnetischen Hand wegzulocken – passen Sie Ihr Verhalten der Situation entsprechend an. Eine Patentlösung gibt es leider nicht.

Das Märchen vom Welpenschutz

Aussagen wie „Der Kleine hat noch Welpenschutz", oder eine Hündin habe „Mutterinstinkt" und verschone Welpen daher, sollten Sie skeptisch gegenüber stehen. Der Welpenschutz gilt nur dem eigenen Nachwuchs, fremde Welpen sind in der Natur nicht vorgesehen. Ein Rudel strukturiert sich im Familienverbund, indem sich nur die ranghöchste Wölfin fortpflanzt. Alle anderen Hündinnen stehen unter so starkem sozialen Druck, dass sogar deren Läufigkeit unterdrückt wird.

Unsere Familienhündinnen sind jedoch alle fortpflanzungsfähig – für sie bedeutet die Anwesenheit fremder Welpen eine potenzielle Nahrungskonkurrenz für den (künftigen) eigenen Nachwuchs. Daher ist es nicht selten, dass Hündinnen barsch mit fremden Hundekindern umgehen oder diese sogar ernsthaft verletzen. Vor

allem, wenn die Hündin in Kürze läufig wird oder es gerade ist. Seien Sie achtsam und gestatten Sie Ihrem Welpen den Kontakt zu fremden Hündinnen nur, wenn Sie sicher sind, dass sich diese freundlich verhalten werden. Negative Erfahrungen im Welpenalter prägen sich besonders tief in die Hundeseele ein.

Rüden zeigen sich normalerweise recht offen gegenüber fremden Welpen. Vergewissern Sie sich trotzdem vor einem Hundekontakt, ob der Rüde gut sozialisiert und welpenfreundlich ist – man weiß ja nie.

Es wäre schön, wenn Sie für Ihren Hund einige Hundefreunde gewinnen könnten. Oft bleiben Freundschaften aus der Welpengruppe bis ins hohe Alter bestehen. Mit ihnen darf er seine Sozialkontakte pflegen und Spaß haben.

Hündinnen können ganz schön zickig zu fremden Welpen sein, Rüden sehen die Sache meist großzügiger.

In Stadt, Land und Restaurant

Im Gegensatz zur Flexileine bietet eine Schleppleine die Möglichkeit zum Erlernen des „Freilaufes". Erst wenn Sie mit lockerer Schleppleine mehrere Begegnungen sehr gut meistern konnten, sich Ihr Hund willig heranrufen ließ und bei Ihnen blieb, während fremde Menschen mit oder ohne Hund an Ihnen vorübergingen, ist der Zeitpunkt gekommen, über den Abbau der Schleppleine nachzudenken. Beginnen Sie nicht zu früh damit.

Freilauf

Jede Woche mehr, die Ihr Hund an der Schleppleine verbringt, ist gut. Probieren Sie keinesfalls zu früh aus, ob er schon „ohne" gehorcht. Wenn er sich noch nicht ganz daran gewöhnt hat, dass Sie immer (!) die Kontrolle über seinen Bewegungsradius haben, wird er es zukünftig testen: Bin ich angeleint oder nicht? Dementsprechend wird er gehorchen oder eben nicht. Das vermeiden Sie, indem Sie die Schleppleine mindestens drei Monate lang konsequent anlegen. Ist diese Phase erfolgreich gemeistert, können Sie beginnen, ihn an reizarmen („langweiligen") Orten ab und zu frei laufen zu lassen. Belohnen Sie ihn nun noch großzügiger für jede Kontaktaufnahme und gestalten Sie die Spaziergänge doppelt so spannend wie zuvor. Funktioniert der Freilauf in diesem Gebiet gut, können Sie auch in etwas schwierigeren, ablenkungsreicheren Gegenden spazieren gehen und ihn von der Leine lassen. Beobachten Sie Ihre Umgebung aufmerksam und rufen Sie Ihren Hund mittels Super-Schlachtruf immer dann zu einem tollen Futterdepot am Wegesrand, wenn fremde Menschen oder Hunde auftauchen.

An die Schleppleine

Merken Sie, dass die Aufmerksamkeit des Hundes nachlässt oder ihn das Futter nicht mehr ganz so interessiert, sollten Sie sicherheitshalber die Schleppleine anlegen.

In besonders heiklen Situationen wie Waldränder in der Dämmerung oder Spaziergänge mit extrem schwierigen Ablenkungen, sollten Sie auch später bei Bedarf die Schleppleine anlegen. Doch im Lauf der Zeit werden Sie ihn auch immer häufiger „ohne" Absicherung laufen lassen können – die unsichtbare Leine aus gegenseitigem Vertrauen, starker Bindung und Beschäftigung ist inzwischen stabil genug geworden.

Die „magnetische Hand" führt den Hund korrekt über die Straße.

Stadtgang

Darf Ihr Vierbeiner Sie in die Stadt begleiten, dann sollte er an einer 1,80 Meter langen Leine locker mitgehen. An Fremden gehen Sie wie gewohnt im leichten Bogen vorüber und führen den Hund auf der abgewandten Seite. Die vielen Menschen, der Verkehr, die ungewohnten Geräusche können Hunde sehr belasten. Gewöhnen Sie ihn daran, auch beim Einkaufsbummel dabei zu sein – doch bedenken Sie, wie anstrengend es für ihn ist, und geben ihm daher ausreichend Entspannungspausen in gewohnter, ruhiger Umgebung. Sind Sie häufiger per Bus oder Bahn unterwegs, sollte der Hund auch daran gewöhnt werden. Suchen Sie sich einen Platz, der auch für den Hund genügend Raum bietet. Situationen, in denen fremde Menschen über den Hund steigen müssen oder ihm aus Versehen auf Rute oder Pfoten treten, sollten vermieden werden. Wählen Sie im Restaurant stets einen Tisch, der eine geschützte Ecke oder Seite bietet. Der Hund sollte nicht vor dem Tisch liegen, sondern in einem hinteren Bereich. Eine gemütliche, mobile Reisedecke markiert den Platz des Hundes. Ist es ihm sehr unangenehm, wenn ihm fremde Personen zu nahe kommen, können Sie den erforderlichen Raum mit einigen Stühlen abgrenzen.

Wohlerzogene Vierbeiner sind gern gesehene Gäste. Die mobile Decke macht das Liegen bequem und weist einen eindeutigen Platz zu.

und Sicherheit des Vierbeiners sorgt. Wie immer weisen Sie dem Hund klar einen Liegebereich zu, der sich abgewandt vom Durchgangsverkehr etwas hinter Ihnen an einer Wand oder in einer geschützten Ecke befindet.

Gern gesehene Gäste

Rücksichtsvolle Hundehalter sind gern gesehene Gäste. Konsequent durchgeführt, wird Ihr Hund es bald akzeptieren und sich ruhig auf seinem Platz aufhalten. Ein Kauknochen kann ungeduldigen Vierbeinern helfen, die Zeit zu überbrücken. Hilfreich ist es, den Hund kurz vor dem Besuch im Cafe Gassi zu führen, damit Blase und Darm entleert sind. Nach einer intensiven Bewegungs- und Beschäftigungsrunde mit Klettern, Laufen, Balancieren und ausführlicher Leckerchensuche, kommt Bello viel leichter zur Ruhe und freut sich schon auf ein Nickerchen auf seiner Pausendecke.

Vergessen Sie nicht, dem braven Hund ab und zu Beachtung zu schenken, ihn zu loben und zu belohnen. Verfallen Sie nicht in den so oft zu beobachtenden Fehler, dass der brav wartende Hund nicht beachtet (=ignoriert) wird, sobald er jedoch anfängt unruhig zu werden, zu jammern oder zu bellen, wenden sich alle Köpfe zu ihm und er wird durch Ermahnungen wie „Still jetzt!" (=soziale Zuwendung) belohnt. Machen Sie es richtig: Belohnen Sie ihn ab und zu durch freundliche Worte, ignorieren Sie ihn jedoch eisern, während er quengelt.

 Der Hund bleibt unten

Im Restaurant, wie in allen anderen fremden Räumen auch, gehört der Hund auf den Boden. Dies gilt auch für sehr kleine Rassen. Selbst wenn Ihr Liebling zu Hause auf Stühlen oder auf dem Sofa liegen darf, gilt dies nicht für fremdes Mobiliar.

Klare Liegebereiche am Boden

Sehen Sie es als ein Gebot der Rücksichtnahme gegenüber anderen Gästen sowie Gastgebern an, die vielleicht Angst vor Hunden haben, sich durch eine Hundenase an Ihrem Tellerrand belästigt fühlen oder denen die Sauberkeit Ihrer Möbel wichtig ist. Damit sehr kleine Hunde nicht aus Versehen getreten werden, empfiehlt sich eine Kuscheldecke oder Kuschelhöhle aus Stoff, die wie ein kleines Zelt für Wohlbefinden

Autofahren – Himmel oder Hölle?

Fast jeder Hund wird mehr oder weniger regelmäßig im Auto mitgenommen. Für viele Hunde wird das Autofahren bald zu einer tollen Sache. Abwechslung vom Hundealltag steht an, vielleicht geht es auf einen Spaziergang oder zu einem Hundefreund? Begeistert springen sie in das Fahrzeug, sobald sich die Tür öffnet. Anderen Hunden bereitet das Autofahren hingegen Unbehagen und löst Stress aus. Dann heißt es, mögliche Ursachen rasch zu erkennen und zu beseitigen.

Hilfe, Auto!

Vielleicht wird der Vierbeiner von Reiseübelkeit geplagt oder leidet unter dem Schwanken und Vibrieren während der Fahrt? Kaum geht es zum Auto, ducken sie sich und streben in die entgegengesetzte Richtung. Nur mit Mühe gelingt es dem Hundebesitzer, seinen Hund ins Auto zu buxieren. Da die meisten Hundehalter auf das Autofahren angewiesen sind, sollten Sie bald etwas gegen die Phobie Ihres Vierbeiners unternehmen. Klären Sie zunächst die medizinische Seite ab, ist der Hund gesund und munter? Beim Tierarzt bekommen Sie auch Tropfen gegen Reiseübelkeit. Sorgen Sie dafür, dass er möglichst mit leerem Bauch mitfährt, um Erbrechen vorzubeugen. Halten Sie die ersten Autofahrten kurz und belohnen Sie den Hund anschließend durch einen tollen Spaziergang.

Für Härtefälle

In gravierenden Fällen können Sie die Fütterung des Hundes übergangsweise in das Heck beziehungsweise auf die Rückbank des Autos verlegen. Bei ausgeschaltetem Motor und geöffneter Tür darf Ihr Hund fressen und anschließend das Auto sofort wieder verlassen. Loben Sie ihn freundlich, aber ruhig, wenn er das Auto betritt. Geht er ohne zu zögern hinein, um zu fressen, könnten Sie im nächsten Schritt den Motor während des Fressens laufen lassen, die Türen bleiben allerdings geöffnet.

Zwingen Sie ihn nicht, im Wagen zu bleiben. Nur die Freiheit, jederzeit eine schwierige Situation verlassen zu können, wird ihm bald den Mut geben, dieselbe durchzustehen. Setzen Sie sich ab und zu mit ihm ins Auto (zunächst ohne Motorengeräusch, später mit angelassenem Motor) und verbringen Sie dort die Zeit mit ihm. Vielleicht spielt Ihr Hund gern mit einem Quietschetier, liebt Kauknochen oder einen lecker gefüllten Kong? Dann bekommt er das im Auto. Haben Sie das Gefühl, dass Ihr Hund seine Abneigung verliert, können Sie die erste kurze Fahrt wagen. Fahren Sie zwanzig Meter, stellen Sie das Auto ab und gehen Sie mit ihm spazieren. Im Lauf der Zeit können Sie die Entfernungen in kleinen Schritten steigern. Nimmt der Hund einen Kauknochen, ist das ein sehr gutes Zeichen, dass der Stress einerseits nicht allzu groß ist und dass ihm andererseits das Kauen gegen mögliche Übelkeit helfen wird.

▶ Tipp: Autobox

Erfahrungsgemäß fühlen sich Hunde im Auto wohler, wenn sie durch ein Körbchen oder eine Autobox Halt finden. Eine große Fläche im Heck ist vielleicht bequemer zum Liegen, während der Fahrt ist es für den Hund jedoch viel anstrengender, weil er jede Kurve ausbalancieren muss.

Angeschnallt?

Auch aus Versicherungsgründen muss ein Hund während der Fahrt gesichert sein. Die obligatorischen Gitter oder Netze halten im Ernstfall meist nicht, was sie versprechen. Auch die häufig angebotenen Gurtsysteme sind nicht optimal, da sich der Hund verwickeln, den Gurt durchnagen oder dieser im Ernstfall aus der Verankerung reißen könnte.

Vorteile einer Box

In einer großen Autobox kann der Hund bequem liegen, beziehungsweise mit erhobenem Kopf stehen, ohne sich zu stoßen. Wenn sie quer zur Fahrtrichtung gestellt ist, gilt sie zur Zeit als sicherstes Rückhaltesystem auf dem Markt. Als Material hat Kunststoff oder Holz entscheidende Vorteile. Haare und Schmutz bleiben in der Box und sie ist leicht sauber zu halten. Die Temperatur bleibt angenehm, wenn für genügend Belüftung des Autos gesorgt ist. Das Höhlenfeeling wird von Hunden meist sehr geschätzt. Boxen, die rund herum aus Gitter bestehen, bieten das Gefühl nicht. Schmutz und Haare fliegen durch das gesamte Auto und zudem stört viele Hunde (und Menschen) das Klappern und Scheppern der Gitterelemente.

Für Schattenparker

Parken Sie ein Auto mit Hund ausschließlich im Schatten bei mindestens drei Lüftungsöffnungen. Gegen unbefugtes Eindringen gibt es mittlerweile eine Auswahl an Hilfsmitteln.

Ein- und Aussteigen

Beim Ein- und Aussteigen soll Ihr Vierbeiner konsequent dazu angeleitet werden, auf Ihr Signal zu warten. Öffnen Sie die Autotür und belohnen Sie den Hund mit einem Leckerchen, wenn er Ihr „Bleib" befolgt. Nach einem kurzen Moment ermuntern Sie ihn mit einem „Hopp" dazu, ins Auto zu springen.

Beim Ausstieg verhalten Sie sich genauso. Öffnen Sie das Heck und die Autobox beziehungsweise die Seitentür – Ihr Hund darf sich nicht aus dem Auto drängeln. Geben Sie ihm zunächst noch ein Leckerchen und lassen ihn einen Moment warten. Leinen Sie den Hund grundsätzlich im Auto an. Nehmen Sie einige Leckerchen in die Hand und werfen Sie diese direkt vor den Ausstieg auf den Boden.

Noch immer muss der Vierbeiner warten. Belohnen Sie ihn nochmals im Auto. Nach einem kurzen Moment fordern Sie ihn mit einem „Hopp" dazu auf, aus dem Wagen zu springen. Er wird sofort die ausgestreuten Leckerchen suchen. Währenddessen haben Sie genügend Zeit das Auto abzuschließen, die Jacke anzuziehen und den Autoschlüssel in der Tasche zu verstauen.

(Von oben nach unten): „Warte", auch wenn Leckerchen gestreut werden. Erst das „Ok" erlaubt dem Hund, auszusteigen. Während er frisst, können Sie das Auto schließen.

Management an Ausnahmetagen

Ausnahmetage

Tage, an denen nichts ist wie sonst, sollten besonders gut geplant werden. Egal, ob Sie von alten Bekannten zum Essen eingeladen werden, selbst eine Feier organisieren, in den Urlaub fahren oder aber zum Tierarzt müssen – einfache Maßnahmen können den Stress für Ihren Hund und Ihre Familie gering halten. Kennt Ihr Hund den Aufenthalt in einer Hundebox oder im Auto, kann er sich dort zwischendurch vom Trubel erholen.

Einladungen

Wenn Sie eingeladen sind, sollten Sie sich vorab erkundigen, ob auch Ihr Hund beim Gastgeber willkommen ist. Wenn nicht, bleibt er entweder zu Hause oder im Auto. Nutzen Sie die beiden Möglichkeiten nur dann, wenn der Hund problemlos allein zu Hause beziehungsweise im Auto bleibt. Sorgen Sie rechtzeitig für einen Dogsitter, der Ihren Vierbeiner während Ihrer Abwesenheit betreut, wenn er nicht allein bleiben kann. Natürlich sollte diese Person den Hund bereits kennen und die Gewohnheiten und Erziehungsvorgaben beachten. Hinterlegen

Dauert die Party länger, muss auch immer wieder Beschäftigungszeit für den Vierbeiner eingeplant werden.

Sie die Telefonnummer des behandelnden Tierarztes, Ihre Handynummer sowie die Rufnummer der Gastgebers bevor Sie sich auf den Weg machen. Brustgeschirr/Halsband und Leine sowie die Bauchtasche, fix und fertig gefüllt mit den Leckerchen, hinterlassen Sie gut sichtbar an der Garderobe. Klären Sie die Spaziergehstrecke mit dem Dogsitter, welche Dinge es beim Spaziergang zu beachten gilt und dass der Hund angeleint bleiben muss. Jetzt können Sie beruhigt Ihren Besuch antreten und einen schönen Abend mit Freunden genießen.

Im Auto warten

Wartet der Hund im Auto, sollte er stündlich herausgelassen werden, um sich die Pfoten zu vertreten, sich zu bewegen und sein Geschäft zu verrichten. Findet der Besuch zur sonst üblichen Fütterungszeit statt, bereiten Sie den Napf bereits zu Hause vor und nehmen ihn mit. Zur gewohnten Zeit und nach einer Gassirunde wird der Hund vor dem Wagen gefüttert, bevor er wieder ins Auto muss. Sorgen Sie auch für ausreichend Wasser, das Sie dem Hund regelmäßig anbieten.

Hundebesuch

Darf der Hund mit ins Haus der Gastgeber, sollten Sie zuvor ausführlich spazieren gehen, damit der Hund zufrieden und gelöst ist. Die mobile Reisedecke kennzeichnet den Platz des Hundes. Suchen Sie ihm eine geschützte Ecke in Ihrer Nähe. Verschmutzte Hundepfoten oder nasses Fell werden zuvor selbstverständlich mit einem Handtuch trocken und sauber gerubbelt. Liegt der Hund brav auf seiner Decke, wird er hin und wieder dafür gelobt und belohnt. Je besser der Hund die Übung „Bleib auf der Decke" akzeptiert und ausführt, desto weniger Futterbelohnung ist im Lauf der Zeit notwendig. Bald wird das Liegen auf der Reisedecke zur Routine, der Hund döst oder schläft schnell, wenn er erfährt, dass die Leckerchen seltener werden und ein Verlassen der Decke nicht möglich ist.

Kleiner-Party-Knigge

Laufen Sie zwischendurch mit ihm, damit er sich bewegen und versäubern kann. Achten Sie bei Rüden darauf, dass diese nicht in der fremden Wohnung markieren – schnell ist ein Beinchen am Vorhang oder Stuhlbein gehoben und der Gastgeber zu Recht empört.

Bei größeren Feiern gelten dieselben Regeln. Durch die größere Personenzahl verliert man jedoch schneller den Überblick. Eine klare Platzzuweisung auf der mobilen Reisedecke bei ausreichender Bewegung und Beschäftigung lässt Sie entspannter feiern, als wenn Ihr Hund unbeaufsichtigt zwischen den Gästen herumtobt. Selbst Hundefreunde schätzen es nicht sonderlich, wenn das teure Abendkleid oder der gute Smoking Sabberspuren, Pfotenabdrücke oder Wolken von Hundehaaren abbekommt. Auch gehören vorwitzige Hundenasen nicht an das kalt-warme Büfett. Geht ein Familienmitglied zum Büfett, behält ein anderes den Hund derweil im Auge, danach ist der andere an der Reihe – sprechen Sie sich ab.

Wenn Gäste kommen

Sind Sie der Gastgeber, gibt es meist eine Menge Arbeit – da wird geputzt, gekocht und dekoriert. Planen Sie trotz Vorbereitungsstress dennoch genügend Zeit für Ihren Hund ein. Nach einem ausgiebigen Spaziergang oder einer Radtour ist der Hund müde und ausgelastet. Lassen Sie ihn eine Runde Leckerli im Garten suchen, das beschäftigt ihn auch mental, während Sie im Haus die letzten Vorbereitungen treffen. Fragen Sie schon bei der Einladung an, ob einer der Gäste Angst vor Hunden hat. Ist das der Fall, sollte Bello während des Abends in einem anderen Raum bleiben oder den ihm zugewiesenen Platz in seinem Körbchen/auf seiner Decke zuverlässig einhalten. Im Zweifelsfall sorgt ein Familienmitglied dafür, dass der Hund auf seinem Platz bleibt, während die Gäste eintreffen oder die Gastgeber in Küche oder Keller beschäftigt sind. Wenn fremde Menschen kommen und gehen, sind manche Hunde beunruhigt. Sehr menschenfreundliche Hunde sind aufgewühlt, da sie zu gern mitmischen würden. Allerdings entstehen gerade in diesen Situationen schnell Momente, in denen der Hund den Besuch anspringt oder den Kuchen vom Tisch stibitzt. Daher sollten Sie ihn trotz Willkommenstrubel gut im Auge behalten. Wenn Sie sich ganz auf Ihre Gäste konzentrieren und die Feier zunächst ungestört beginnen lassen möchten, darf der Hund nach dem Essen dazukommen. Nach einer kurzen Begrüßungsrunde soll er sich in sein Körbchen legen.

Manchmal kommen auch Hundefreunde zu Besuch, eine gute Gelegenheit, um etwas zusammen zu unternehmen.

Kindergeburtstag

Ein Kindergeburtstag bedeutet meistens Stress – nicht nur für die Eltern, sondern auch für den Hund. Es ist laut und hektisch, Luftballons knallen, fremde Kinder rennen schreiend durchs Haus, Geschenkpapier wird zusammengeknüllt, diverse Kuchenreste fallen zu Boden und niemand hat Zeit für den Vierbeiner. Wie wäre es, wenn Bello diesen aufregenden Nachmittag bei einem lieben Dogsitter verbringen würde? Aber auch das „Bleib auf der Decke" ist hier nützlich.

Ausquartieren

Wenn Sie Ihren Vierbeiner problemlos in einem anderen Zimmer unterbringen können, tun sie ihm damit wahrscheinlich einen großen Gefallen. Bleibt er nicht gern alleine, sollten Sie einen netten, hundeerfahrenen Bekannten einladen oder einen Dogsitter engagieren, der ihn an diesem Nachmittag betreut. Mit einem langen Spaziergang ist der Hundeseele sicherlich mehr gedient und Sie haben weniger Stress, wenn Sie nur die Kinder beaufsichtigen und beschäftigen müssen. Sind die schlimmsten Spuren der Kinderparty beseitigt, dann gönnen Sie sich und dem Hundebetreuer in aller Ruhe noch eine Tasse Kaffee und Ihrem Vierbeiner einige Hundekuchen. Kindergeburtstag ist ja nur einmal im Jahr. Nur wenn Ihr Vierbeiner ein ganz ausgeglichenes Naturell und große Geduld mit lärmenden Kids hat, sollten Sie ihm zumuten, während der Kinderparty im Raum zu bleiben.

Beim Fest dabei

Überfordern Sie Ihren Hund jedoch nicht. Eine gelungene Kinderparty ist in der Regel laut und mit Tohuwabohu verbunden. Bei all dem Trubel soll der Hund möglichst ruhig bleiben und sich nicht in die Spiele der Kinder einmischen. Werfen Sie ein Auge auf Ihren Vierbeiner. Tendenzen von Kinderjagen, nach den Hosenbeinen schnappen seitens das Hundes oder ge-

Wilde Spiele sind tabu – aber Leckerchensuche im Geschenkpapier? Darüber lässt sich reden.

Nur wenn keines der Kinder Angst hat, darf der Hund beim Kindergeburtstag mitmischen. Allerdings nur unter der Aufsicht von Erwachsenen.

Silvester

Ein weiteres, für viele Hunde schwieriges Datum ist der Jahreswechsel. Nicht nur in der Silvesternacht, schon in den Tagen davor und etliche Zeit danach knallt es an allen Ecken und Enden. Kinder sind kaum davon abzuhalten, Knaller und Raketen abzufeuern. Achten Sie in dieser Zeit besonders auf Ihren Hund und vermeiden es unbedingt, ihn unbeaufsichtigt im Garten oder im Auto zu lassen. Nicht nur, dass verantwortungslose Menschen gezielt auf den Hund feuern könnten, auch die Lärmkulisse und das plötzliche Knallen können viele Hunde nur schlecht ertragen. Schreckreaktionen wie Davonlaufen oder negative Verknüpfungen mit Menschen können die Folge sein. Halten Sie Ihren Hund daher über diese Zeit bevorzugt an der Leine und vermeiden Sie alles, was ihn zusätzlich verunsichern könnte. Sich beim Spaziergang zu verstecken, damit der Hund uns aufgeregt zu suchen beginnt, Operationen mit Nachwirkungen wie Verband, Plastikkragen oder Schmerzen sollten Sie nur dann auf diese Zeit legen, wenn es wirklich nicht anders möglich ist. Lassen Sie Ihren Hund nicht unbeaufsichtigt zurück, während Sie eine Besorgung machen und so weiter. Alles, was den Hund zusätzlich verunsichert, gilt es nach Möglichkeit zu vermeiden.

Die Nacht der Nächte

In der Silvesternacht können Sie beispielsweise eine CD mit beruhigender Musik auflegen (Vorsicht, in Radio und Fernsehen wird ebenfalls geknallt!) und die Jalousien schließen. Bleiben Sie am besten bei Ihrem Hund, während draußen Knaller, Böller und Raketen hochgehen. Stoßen Sie mit Ihren Lieben im familiären Kreis auf das neue Jahr an – Ihr vierbeiniges Familienmitglied wird es Ihnen danken. Nur wenn Sie ganz sicher wissen, dass diese Ausnahmenacht mit all Ihren Geräuschen und dem Trubel Ihren Hund kalt lässt, könnten Sie auf eine Silvesterparty gehen. Vielleicht findet sich ein netter Dogsitter, der Ihren Hund in dieser langen Nacht verwöhnt und beaufsichtigt? Selbstverständlich sollten die Gassigänge nicht gerade um Mitternacht stattfinden, wenn es draußen am lautesten knallt. Gehen Sie mit dem Hund lieber rechtzeitig ein letztes Mal nach draußen.

fährliche Situationen wie erhobene Federballschläger oder Ähnliches seitens der Kinder, heißt es rechtzeitig zu unterbinden. Nehmen Sie den Hund notfalls an die Elternleine oder weisen Sie ihm seinen Platz zu. Ein gehorsames „Bleib auf der Decke" hat sich besonders für Familien mit Kindern bewährt. Gern dürfen die Kinder dem Hund ebenfalls Belohnungshappen zureichen – wenn dieser auf seiner Decke liegt oder sich vor ihnen hinsetzt. Entscheiden Sie je nach Situation und Fortgang der Party, ob Bello mehr oder weniger in das bunte Treiben integriert werden kann oder nicht. Eine klare Vorgabe an die Kinder, wann und wie sie Bello füttern dürfen, erleichtert den Nachmittag nicht nur für Sie und Ihren Hund. Auch für die fremden, meist hundeunerfahrenen Kids leisten Sie einen wichtigen Teil an Sicherheit, wenn Sie das richtige Verhalten in Anwesenheit von Hunden und das korrekte Belohnen des Hundes erläutern und beaufsichtigen.

Wenn Sie krank werden

Ausfälle wegen Krankheit sind für Hundehalter besonders schwierig. Wer beschäftigt und bewegt den Hund, wenn der Besitzer bettlägerig ist oder sogar ins Krankenhaus muss? Gut, wenn sich die Familienmitglieder gegenseitig abwechseln und jeder seinen Teil dazu beiträgt, dass der Kranke sich nicht auch noch Sorgen um den Hund zu machen braucht. Wenn Sie allein leben, sollten Sie bereits vorsorglich einen Notfallplan erstellen und notwendige Kontakte knüpfen.

Den Dogsitter einweisen

Zuvor sollten Sie den Dogsitter einweisen. Gehen Sie mit ihm und Ihrem Hund gemeinsam spazieren und erklären Sie ihm, wie er mit Ihrem Hund umgehen und was er befolgen soll. Treffen Sie sich in Ihrem Haus und erklären Sie ihm die wichtigsten Dinge rund um Fütterung und Pflege. Achten Sie darauf, dass genügend Futter im Haus ist und dass alle Zusätze, Ergänzungsfuttermittel oder Medikamente, die Bello eventuell benötigt, vorhanden sind. Auch diverse Kauartikel gehören in den Vorratsschrank, da Sie dem Vierbeiner am besten helfen, langweilige Wartezeiten zu überbrücken.

Ein verlässlicher Dogsitter entlastet in Krankheitsfällen ungemein. Kümmern Sie sich vorsorglich um diese Hilfe.

▶ Wichtige Telefonnummern

Halten Sie eine Liste mit den wichtigsten Rufnummern bereit. Dazu gehören Verwandte oder nahe Bekannte, die nächste Apotheke, Ihr Hausarzt sowie der vertraute Tierarzt.

Brustgeschirr/Halsband, Leine und Bauchtasche gehören immer an denselben Ort, sodass sich ein Fremder rasch in der Wohnung zurechtfinden kann.

Lass mich rein

Deponieren Sie den Wohnungsschlüssel an einer vereinbarten Stelle. Die Person, die sich um Ihren Hund kümmert, sollte ein paar Mal in Ihre Wohnung gehen, auch wenn Sie nicht zu Hause sind. Manche Hunde verhalten sich in Anwesenheit Ihres Menschen allen Besuchern gegenüber freundlich, werden jedoch verteidigungsbereit, wenn der Fremde allein hinein möchte. Legen Sie sich auf das Sofa oder Bett und beobachten Sie das Verhalten des Hundes, während der Dogsitter selbstständig die Tür aufschließt, hereinkommt und an Ihr Sofa oder Bett tritt. Nach einigen Wiederholungen, bei denen der Dogsitter den Hund mit Leckerchen belohnt, sollte es reibungslos funktionieren. Wiederholen Sie diese Übung von Zeit zu Zeit.

Gut betreut nimmt der Hund keinen Schaden, wenn Herrchen oder Frauchen vorübergehend ausfallen.

Alternative „Hundepension"

Sollte ein Krankenhausaufenthalt nötig sein, muss der Vierbeiner gut untergebracht werden. Schauen Sie sich vorsorglich verschiedene Pensionen in Ihrer Umgebung an und vergleichen Sie die Unterbringung und Leistungen der Anbieter. Seien Sie bei der Auswahl einer Hundepension kritisch. Die Räume oder Zwinger müssen sauber sein und für jedes Tier ausreichend frisches Wasser bereitstehen, auch der tägliche Auslauf sollte selbstverständlich sein. Auf spezielle Fütterungsbedürfnisse Ihres Hundes nimmt eine gute Pension gern Rücksicht – ebenso können Sie dort jederzeit unangemeldet vorbeischauen. Wichtiger als der Unterbringungspreis ist die Sympathie zur Pensionsleitung und zu den Betreuern. Zeigen sich diese offen und freundlich gegenüber den Pensionshunden? Wie sehen die untergebrachten Hunde aus, sind Sie lebhaft und aufmerksam?

Suchen Sie lieber weiter

Wirken die Hunde eher ängstlich und ausweichend? Reagieren sie vorsichtig auf ihre Pfleger? Schauen Sie auch einmal an die Wände, an die Garderobe und in die Regale. Finden sich dort Disc-Scheiben, Stachel- und Kettenhalsbänder, Spray- oder Stromhalsbänder? Dann sollten Sie diese Pension auf jeden Fall meiden. Auch wenn solche tierschutzrelevanten Mittel nicht offensichtlich herumliegen, bedeutet es nicht automatisch, dass sie nicht verwendet werden. Vielleicht befinden sie sich gut verborgen in den Schubladen? Klären Sie in einem Vorabgespräch, wie die Pensionsleitung und das Pflegepersonal zu Verhaltensweisen wie Hochspringen an Personen, Ziehen an der Leine, Bellen und so weiter steht, ohne (!) dass Sie zuvor Ihre persönliche Einstellung einer gewaltfreien Erziehung geäußert haben. Meistens können Sie schon aus den ersten Worten heraushören, ob sich Ihre Vorstellungen von Hundehaltung und -erziehung mit denen der Pension decken oder nicht. Gehen Sie keine Kompromisse ein. Es gibt leider schwarze Schafe, die nicht tiergerecht mit den Hunden umgehen, sobald sich die Tore geschlossen haben.

Lieber zweimal hinsehen

Verlassen Sie sich auch auf Ihr Bauchgefühl und besuchen Sie die infrage kommende Pension auf jeden Fall mehrmals, auch unangemeldet und zu verschiedenen Tageszeiten. Werden Sie freundlich empfangen und stimmen die Gegebenheiten mit Ihrem ersten (angemeldeten) Besuch noch überein? Geben Sie Ihren Hund nur in fremde Hände, wenn Sie sich sicher sind, dass er dort gut und in Ihrem Sinne betreut wird. Hinterlassen Sie die Adresse des behandelnden Tierarztes und Ihre Handynummer beziehungsweise die der Krankenhauszentrale. Klären Sie, ob der Hund im Krankheitsfall vom Pensionsleiter schnellstmöglich zum Tierarzt gebracht werden soll oder ob eine vorherige Rücksprache mit Ihnen gewünscht ist.

Es gibt gute Hundepensionen – aber leider nicht sehr viele. Lassen Sie sich daher Zeit bei der Auswahl und bleiben Sie kritisch. Beginnen Sie gerade als allein lebender Hundehalter frühzeitig, einen Notfallplan für Krankheitszeiten oder eventuelle Krankenhausaufenthalte zu erstellen. So haben Sie für den Fall der Fälle rechtzeitig vorgesorgt – und das beruhigt ungemein, auch wenn Sie es vielleicht nie brauchen.

Wenn der Hund krank wird

Wenn Ihr Hund krank ist oder die jährlichen Impfungen anstehen, führt der Weg zum Tierarzt Ihres Vertrauens. Suchen Sie sich Ihren Tierarzt sehr gründlich aus. Manchmal ist es besser, eine längere Anfahrt in Kauf zu nehmen, als mit einem Tierarzt konfrontiert zu werden, der seinen Job ungeduldig ausführt oder kein Verständnis für verängstigte Hunde oder besorgte Hundehalter zeigt. Die Atmosphäre in der Praxis sollte entspannt und freundlich sein.

So finden Sie den Tierarzt Ihres Vertrauens

Ein Vertrauenstierarzt nimmt sich genügend Zeit für seinen vierbeinigen Patienten, erkundigt sich ausführlich nach der Vorgeschichte und versucht auch, sich ein bisschen in die Mensch-Hund-Beziehung hineinzufühlen. Gibt es neben der akuten Krankheit eventuell Probleme in der Haltung oder Erziehung? Wie wird der Hund ernährt, gepflegt und gehalten? Nimmt der Tierarzt die Untersuchungen souverän, ruhig und freundlich vor, erklärt er ausführlich seine Handgriffe oder wirkt der Arzt dem Hund gegenüber hektisch oder sogar unsicher? Lässt er dem Tier einen Moment Zeit, um sich einzugewöhnen, nachdem es den Untersuchungsraum betreten hat beziehungsweise nachdem es auf den Tisch gestellt wurde? Verhält sich auch die Tierarzthelferin freundlich und souverän, sind Arzt und Helferin gut aufeinander eingestimmt und arbeiten harmonisch miteinander, sitzen alle Handgriffe am Hund? Herrscht in der Praxis eine angenehme, freundliche Atmosphäre oder raunzen sich Chef und Mitarbeiter missmutig an?

Harmonische Praxis

Arztbesuche stellen auch für Hunde heikle Situationen dar, die oft mit Angst besetzt sind. Nur in einem harmonischen Praxisbetrieb lassen sich gute Heilerfolge erzielen.

Details, wie ein geschickt ausgestattetes Wartezimmer, in dem jedes Tier genügend Raum für sich hat und eventuell kleine Rückzugsbuchten angeordnet sind, zeigen, dass sich das Team Gedanken über seine Patienten macht. Auch eine freundliche und kompetente Assistentin am Telefon sollte für jeden Tierarzt selbstverständlich sein – ist sie es nicht, sprechen Sie das sachlich und offen an.

Viele Tierärzte spezialisieren sich auf bestimmte Fachgebiete wie Orthopädie, Herzerkrankungen, Neurologie oder Allergien. Klären Sie eventuelle Fachspezialisierungen – und scheuen Sie sich bei Bedarf nicht, zu einem weiter entfernten Tierarzt zu fahren, wenn Ihr Hund einen Spezialisten braucht.

Gesonderte Behandlungszeiten

In manchen Praxen gelten gesonderte Behandlungszeiten für alle Routinebehandlungen wie Impfungen, Welpenvorsorgeuntersuchungen und so weiter und es besteht die Möglichkeit, auch mal „übungshalber" zum Tierarzt zu gehen. Auch das sind Pluspunkte für den Arzt. So wird vermieden, dass die (gesunden) Impflinge und Welpen sich durch erkrankte Hunde im Wartezimmer anstecken können. Wenn junge Hunde die Praxis besuchen dürfen und sie dort viele Leckerchen und freundliche Worte auf dem Behandlungstisch erhalten, wirkt sich diese positive Erfahrung hilfreich für spätere Tierarztbesuche aus. Der Tierarzt investiert dafür nur fünf Minuten seiner Zeit, doch dafür wird er künftig weit weniger gestresste Patienten behandeln können. Fahren Sie immer frühzeitig zum Tierarzt, sodass noch Zeit für einen kleinen Spaziergang bleibt. Das Körpergewicht Ihres Hundes sollte Ihnen übrigens bekannt sein.

Wartezeit überbrücken

Nehmen Sie einige Leckerchen sowie ein Kaustück mit und suchen Sie sich nach der Anmeldung einen Platz im Wartezimmer, der dem Hund eine geschützte Ecke bietet. Nachfolgend eintretende Hunde sollten nicht zu eng an Ihrem Vierbeiner vorbeigeführt werden müssen. Meiden Sie Durchgangsstellen. Sollte es im Wartezimmer zu eng werden oder Ihr Hund sich dort sehr gestresst zeigen, können Sie sicherlich mit der Arzthelferin vereinbaren, draußen zu warten.

Rund um die Behandlung

Nehmen Sie vorsichtshalber einen Maulkorb mit, falls schmerzhafte Untersuchungen anstehen. Am besten eignen sich Nylonmaulkörbe. Die Größe sollte so gewählt sein, dass der Hund hecheln und Leckerchen fressen kann – also eher einen Tick größer als für die Rasse empfohlen. Sie sorgen selbstverständlich dafür, dass der Maulkorb so angepasst ist, dass er nicht verrutscht oder vom Hund abgestreift werden kann. Vermeiden Sie während der Behandlung möglichst Hörzeichen wie „Sitz" oder „Platz", während der Arzt den Hund untersucht. Er soll keine negativen Erfahrungen im Zusammenhang mit unseren Signalen machen. Sagen Sie lieber etwas wie „Zeig mal her". Das bedeutet für den Hund, dass er die nun folgende Behandlung ruhig akzeptieren muss. Halten Sie ihn bei Bedarf kurz fest, lockern Ihren Griff jedoch sofort wieder, wenn die Untersuchung vorüber ist. Bewahren Sie Ruhe, denn das ist die wichtigste Hilfestellung, die Sie Ihrem Hund im Moment geben können. Trauen Sie sich nicht zu, den Hund zuverlässig festzuhalten, dann übernimmt das gern die geschulte Tierarzthelferin – doch bleiben Sie nach Möglichkeit bei Ihrem Tier. Nach dem Tierarztbesuch gönnen Sie sich und dem Hund am besten eine Zeit der Ruhe und Erholung, vielleicht bei einem Spaziergang?

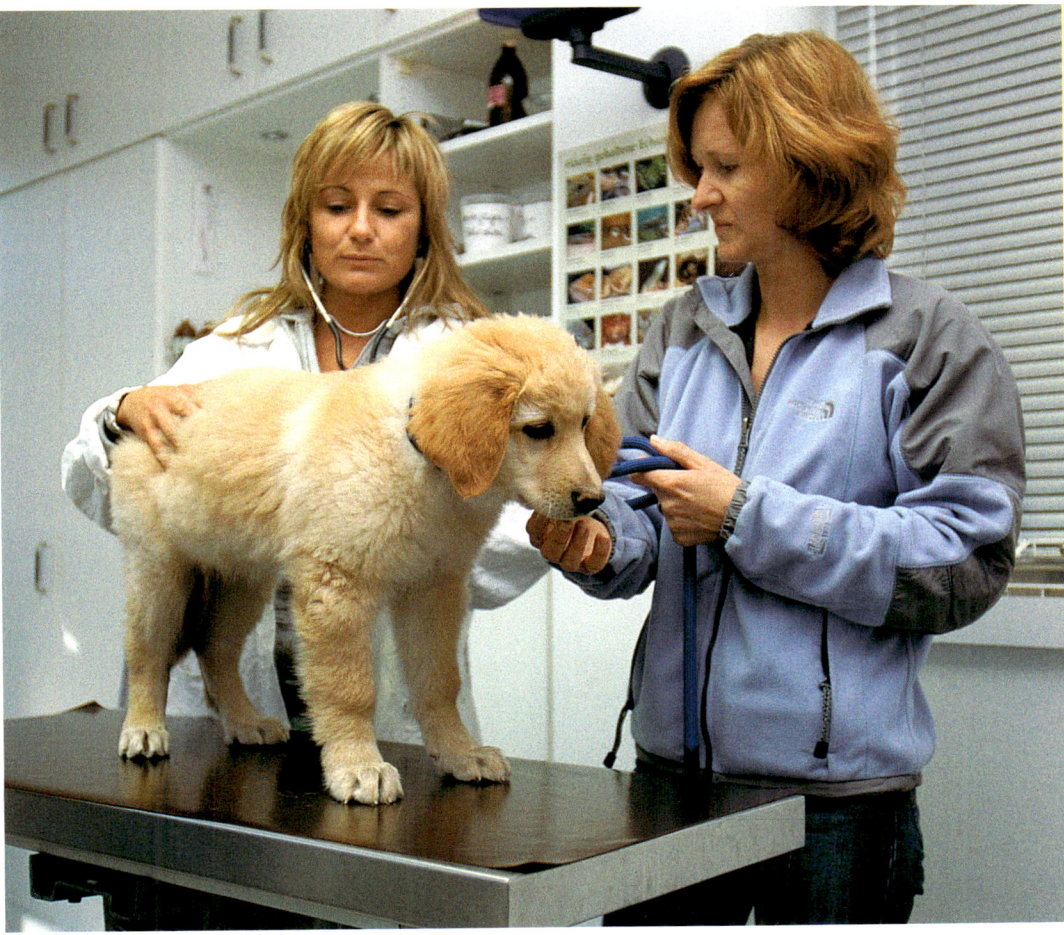

In freundlicher und verständnisvoller Atmosphäre sind die Untersuchungen nur halb so schlimm.

Urlaubszeit

Ein erholsamer Urlaub mit Hund beginnt schon bei der Auswahl des Reiseziels. Sehr heiße Länder oder Flugreisen sind für Hunde meist belastend. Gemäßigte Klimazonen und ein hundefreundliches Umfeld, eine geschickte Planung und Vorbereitung machen die Ferienzeit zum tollen Erlebnis für Mensch und Hund. Bereits vorab lässt sich Wichtiges klären: Besteht am Reiseziel Maulkorbpflicht, wo befindet sich der Hundestrand und ist das Hotel hundefreundlich?

Maulkorbpflicht?

In manchen öffentlichen Verkehrsmitteln und in manchen Ländern herrscht Maulkorbpflicht. Erkundigen Sie sich nach den Bestimmungen. Wird verlangt, dass der Hund einen Maulkorb trägt, sollten Sie diesen mehrere Wochen vor Urlaubsantritt kaufen und den Hund daran gewöhnen. Besorgen Sie sich einen passenden Maulkorb, mit dem Ihr Vierbeiner noch hecheln, trinken und Leckerchen fressen kann.

An den Maulkorb gewöhnen

Legen Sie sich den Maulkorb wie eine Tüte auf die Hand und platzieren Sie ein Leckerchen darin. Der Hund wird seine Schnauze freiwillig hineinstecken, um das Leckerchen herauszufischen. Wiederholen Sie das einige Male über mehrere Tage verteilt. Sobald Sie das Gefühl haben, dass der Hund das Leckerchen gern aus dem Maulkorb holt, können Sie die Bänder für einen kurzen Moment schließen, streuen Sie ihm einige Leckerchen auf den Boden, damit er beschäftigt ist und das Tragen des Korbes fast vergisst. Während er den Maulkorb trägt, sollten Sie ihn ausführlich mit angenehmen Dingen wie Leckerchensuche, Rennspielen oder Ähnlichem beschäftigen. Das „Ding" auf der Nase wird für den Hund bald so selbstverständlich wie für uns eine Brille. Lassen Sie ihn nie unbeaufsichtigt, während er den Maulkorb trägt, und sorgen Sie für maulkorbfreie Zeiträume.

Wanderurlaube und Radtouren

Es gibt mittlerweile viele Hotels, Pensionen, Ferienwohnungen und Campingplätze, die sich auf Urlauber mit Hund spezialisiert haben. Kein Grund also, den Vierbeiner in den schönsten Wochen des Jahres zu Hause zu lassen. Wanderurlaube sind ideal für die ganze Familie, auch Radtouren sind mit einem gut trainierten, mittelgroßen Hund vorstellbar. Dabei soll der Hund im Trabtempo neben dem Rad laufen und keinesfalls längere Strecken sprinten oder galoppieren müssen. Kontrollieren Sie zwischendurch die Pfoten und legen Sie öfter eine Rast ein. Nehmen Sie auf jeden Fall Trinkwasser für den Hund mit. Für kleine Hunde gibt es Fahrradanhänger, in denen sie sicher mitfahren können. Sehr große oder schwere Rassen sind nicht geeignet, lange Strecken am Rad mitzulaufen.

Eine Bootsfahrt, die ist lustig...

Wie wär's mit einem Bootsurlaub? Auf dem ausgedehnten Wasserstraßennetz im In- und Ausland lässt sich die Gegend wunderbar erkunden und Sie können fast jederzeit anlegen, um mit dem Hund spazieren zu gehen. Hausboote sind komfortabel eingerichtet und in verschiedenen Größen buchbar. Der Hund gewöhnt sich in der Regel schnell an das neue Domizil und wird wahrscheinlich bald zur echten Wasserratte.

Kreativurlaub für Mensch und Hund, da kann auch Neues ausprobiert werden.

schattiges Plätzchen zu sichern. Lassen Sie einen angebundenen Hund nicht länger aus den Augen und vergewissern Sie sich zwischendurch immer wieder, ob noch genügend Schatten an seinem Platz vorhanden ist.

Achten Sie darauf, dass der Hund kein Salzwasser trinkt, sonst kann er Durchfall bekommen und das ist im Urlaub nicht sehr witzig.

Sie sollten das Salzwasser nach dem Strandbesuch mit Leitungswasser aus dem Hundefell spülen. Vergessen Sie die Zehenzwischenräume nicht. Salz und Sand könnten sonst zu schmerzhaften, wunden Stellen führen. Ein Hundehandtuch hilft, den Vierbeiner wieder zimmertauglich abzutrocknen. Bringen Sie ein bis zwei Hundehandtücher von zu Hause mit. Es verbietet sich, die Handtücher des Gastgebers zu verwenden.

Geeignete Unterkunft

Wenn Sie ein passendes Ferienhaus aussuchen, ist ein umzäuntes Gartenstück ein echter Pluspunkt. Hotels und Pensionen sollten Grünflächen in der Nähe haben, auf denen sich die Hunde lösen dürfen. Es muss keine tolle Parkanlage sein, ein Stück Brachland oder ein Baumstreifen als Hundetoilette sind bei Hundehaltern viel begehrter. Es ist ein Gebot der Rücksichtnahme, Hundehäufchen aufzunehmen und zu entsorgen. Hierfür gibt es mittlerweile diverse Angebote, mit denen die Hinterlassenschaft hygienisch und dezent beseitigt werden kann. Eine simple Plastiktüte reicht aus und gehört in die Bauchtasche eines jeden Hundebesitzers. Die Technik ist Übungssache. Halten Sie sich an eine eventuelle Leinenpflicht innerhalb der Ferienanlage oder auf dem Campingplatz, um Ärger zu vermeiden.

Am Strand

In Baderegionen sind Strände, an denen auch Hunde willkommen sind, meistens gesondert ausgezeichnet. Sorgen Sie wie immer zunächst dafür, dass Bello nach einem ausgiebigen Spaziergang recht müde ist und Blase und Darm entleert sind, bevor Sie den Strand aufsuchen. Halten Sie frisches Trinkwasser und einen Sonnenschirm für ihn bereit, um ihm ein

An vielen Hundeständen ist auch Freilauf erlaubt.

Ein Schattenplatz und Trinkwasser sind hier besonders wichtig.

▶ Das Hotelbett ist tabu

Der Hund hat im Hotelbett nichts verloren – auch wenn er sonst in Ihrem Bett schlafen darf. Bringen Sie sein eigenes Hundebett in Form des bekannten Körbchens oder seiner mobilen Reisedecke mit. Nur rücksichtsvolle Hundehalter sind willkommene Gäste.

Camping mit Hund? Für den gut erzogenen Vierbeiner kein Problem.

Campingurlaub

Auch beim Campingurlaub sollten Sie einige Hundehandtücher im Gepäck haben, einen größeren Vorrat an Kottüten sowie den obligatorischen Anbindehaken mit 2-Meter-Leine. Lassen Sie Ihren Hund niemals angebunden und ohne Aufsicht zurück. Die Gefahr, dass er sich verwickelt, Fremde ihn ärgern oder Passanten zu dicht am Wohnwagen/Zelt vorübergehen (und der Hund womöglich vor Schreck zuschnappt) darf nicht außer Acht gelassen werden. Gewöhnen Sie den Vierbeiner daran, auch im Wohnwagen oder Zelt allein zu bleiben. Verwenden Sie bei Bedarf eine Hundebox.

Räume schaffen

Ein zusätzlicher Sonnenschirm oder ein Windschutz spenden dem Hund Schatten. Mit einigen Gitterelementen aus dem Welpenbedarf können Sie die provisorische Hundeecke vor dem Zelt, dem Wohnwagen oder dem Wohnmobil einrichten. Diese Abgrenzung gibt dem Vierbeiner zum einen ein Gefühl von Sicherheit, und schirmt seinen Wohlfühlraum vor gedankenlosen Mitcampern ab. Andererseits können Sie rennende oder ballspielende Kinder viel entspannter in Ihrer Nähe tolerieren, da auch diese vor möglichen Schreckreaktionen des Hundes durch die Abgrenzung bewahrt sind und genügend Abstand einhalten werden. Wenn Sie begeisterte Camper sind, sollten Sie Ihren Hund früh an die Besonderheiten dieser Urlaubsform gewöhnen: Auf dem Campingplatz bleibt der Hund angeleint und darf sich nur außerhalb des Platzes lösen, am Anbindehaken muss er ruhig warten, Grill, Feuerstelle und eventuelle Brunnen auf dem Gelände sind für ihn tabu, ebenso das Spielzeug der Kinder vom Platznachbarn.

Mach mal 'ne Pause

Längere Autofahrten sollten in Zwischenetappen unterteilt werden. Planen Sie alle ein bis zwei Stunden eine Pause ein. Auch den Zweibeinern tut zwischendurch Bewegung gut und der Fahrer kann sich entspannen und erholen. Halten Sie genügend Frischwasser und einen Reisenapf bereit. Während der Fahrt sollte der Hund stets ein Halsband oder ein Brustgeschirr tragen und die Leine sowie ein Anbindehaken griffbereit sein. So können Sie den Hund bei einem eventuellen Unfall schnell und sicher auf die Straßenseite führen und dort fixieren.

Gesundheitliche Aspekte

Klären Sie vor Einreise in ein fremdes Land die tierärztlichen Bedingungen und eventuelle gesundheitliche Gefahren für Hunde. Lassen Sie Ihren Hund im Ausland nicht aus Pfützen trinken. In manchen Ländern sind für die Einreise von Tieren bestimmte Impfungen vorgeschrieben oder es muss ein aktuelles Gesundheitszeugnis mitgeführt werden. Selbstverständlich liegt der EU-Heimtierausweis des Hundes beim Grenzübertritt griffbereit im Auto.

Das Futter

Frisch- oder Dosenfleisch sowie tiefgefrorenes Futter darf nicht über alle Grenzen transportiert werden. Klären Sie die diesbezüglichen Bestimmungen Ihres Ferienlandes vor Reiseantritt. Erkundigen Sie sich rechtzeitig telefonisch, ob und wo Sie die benötigten Futterkomponenten besorgen können. Eine notwendige Nahrungsumstellung wegen des Urlaubs sollte bereits mehrere Wochen vor der Reise vorgenommen werden. So vermeiden Sie eine Doppelbelastung durch verändertes Futter und lange Autofahrten in fremden Gefilden, denn die Reise ist für Ihren Vierbeiner schon aufregend genug.

Radtouren müssen auf den Hund abgestimmt sein. Vermeiden Sie Überforderung.

Die Reiseapotheke

Ergänzen Sie Ihre Reiseapotheke durch ein Fieberthermometer, Desinfektionsspray und ein Medikament gegen Durchfall und Erbrechen bei Hunden. Kochen Sie im Zweifelsfall das Wasser ab und tränken Sie den Vierbeiner mit dem abgekühlten, keimfreien Wasser. Lassen Sie ihn nicht aus fremden Wasserschüsseln trinken oder unbekanntes Futter fressen. Erkundigen Sie sich vorbeugend nach Adresse und Telefonnummer eines Tierarztes am Ferienort. Hoffenlich benötigen Sie das alles nicht, aber es beruhigt, für den Fall der Fälle gerüstet zu sein.

Ferienbetreuung für zu Hause

Im Internet finden sich Adressen aus der ganzen Welt für Ferienunterkünfte mit Hund. Auch die Fremdenverkehrsämter der Gemeinden halten viele Informationen für Hundehalter bereit. Wenn Sie sich vorab erkundigen, steht einem tollen Urlaub nichts im Weg.

Wenn der Vierbeiner trotzdem zu Hause bleiben soll, sollten Sie rechtzeitig eine gute Ferienbetreuung organisieren. Möchten Sie eine Hundepension buchen, berücksichtigen Sie die unter „Krankheitsfall" (Seite 116) genannten Kriterien und buchen Sie möglichst früh, damit Ihr Hund sicher unterkommt. Gute Pensionen sind gefragt und es kann durchaus passieren, dass Sie bei verspäteter Anmeldung keinen Platz mehr während der Hauptferienzeit in der Pension Ihrer Wahl bekommen.

Wanderurlaub ist ideal für die ganze Familie. Inzwischen gibt es auch viele Pensionen, bei denen man den Hund mitbringen darf.

Probleme lösen

Die Höhen und Tiefen des Lebens

Auch das Leben mit Hund hat seine Höhen und Tiefen. Genießen Sie die schönen Stunden an der Seite Ihres Vierbeiners. Sorgen Sie bei Problemen baldmöglichst dafür, dass Sie sie in den Griff bekommen. Leiden Sie nicht zu lange. Nehmen Sie bei Bedarf professionelle Hilfe durch einen erfahrenen Hundetrainer in Anspruch. Achten Sie auf tiergerechten Umgang. Erziehungsmaßnahmen, die dem Hund Angst oder Schmerz zufügen, sind immer falsch.

Die Wahl des Trainers

Seien Sie bei der Wahl des Trainers beziehungsweise der Hundeschule oder des Hundevereins kritisch: Tierschutzgerechte Erziehungsmethoden sind stets gewaltfrei – schützen Sie Ihren Hund vor allen Maßnahmen, die ihm Angst oder Schmerz zufügen. Zeigt Ihr Hund Stresssymptome wie Dauerbellen, spontanes Abhaaren oder spontane Schuppenbildung, sollten Sie sofort eingreifen und dem Hund Möglichkeit zur Entspannung geben. Prüfen Sie Trainer, Umgebung und Aufgabenstellung und ändern Sie, falls möglich, den Punkt, der Ihren Hund offensichtlich überfordert. Lässt sich die Situation nicht ändern, sollten Sie eine klare Entscheidung „pro Hund" treffen und diesen Ort verlassen. Vergessen Sie nicht: Ein guter Chef sorgt für die Sicherheit seiner Mitarbeiter. Und Lernen ist nur in einer entspannten Atmosphäre möglich. Auch bei Verhaltensproblemen ist es Ihr Job, für eine gute Lösung zu sorgen. Beginnen Sie noch heute damit.

Lautstarke Probleme: Mein Hund...

...bellt Besucher an

Schimpfen oder tadeln Sie Ihren Hund keinesfalls für sein aus seiner Sicht völlig richtiges und wichtiges Verhalten. Die Reviergrenzen sind für Hunde heilig und Besucher sind nun mal nicht vorgesehen.

Sprechen Sie betont freundlich mit Ihrem Hund und streuen Sie ihm viele Leckerchen auf den Boden, wenn Besuch eintrifft. Vermitteln Sie dem Hund, dass es eine viel bessere Idee ist, Leckerchen zu suchen als Besucher anzubellen. Ein tolles Schweineohr oder ein lecker gefüllter Kong erfüllt denselben Zweck. Bald wird er Sie erwartungsvoll ansehen, wenn Besuch kommt – belohnen Sie ihn großzügig dafür, dass er die „Eindringlinge" akzeptiert.

Gemeinsam bellt es sich noch besser. Der Mensch kann territoriales Bellen durch Futter umlenken.

...bellt mich an, wenn ich ihn anfassen will

Drängen Sie sich dem Hund nicht auf. Respektieren Sie seinen Wunsch nach Distanz. Verhalten Sie sich höflich und hundegerecht und schauen Sie ihm nicht direkt in die Augen, sondern seitlich vorbei. Stellen Sie sich mit Abstand seitlich zum Hund (nicht frontal). Gehen Sie eventuell in die Hocke, wenden Sie sich dabei leicht ab. Streichen Sie mit der Hand über den Boden und tun so, als ob Sie gerade etwas Spannendes gefunden („erschnüffelt") haben. Durch Gähnen, über die Lippen lecken und betontes Ausatmen können Sie die Erregung des Hundes reduzieren. Ein Senken des Kopfes und eine passiv-freundliche innere Haltung erleichtern es dem Hund, Vertrauen und Ruhe zu finden.

Die hundliche Individualdistanz beträgt ungefähr vier Meter und ist damit viermal größer als die Armeslänge, die für uns Menschen üblich ist. Versuchen Sie dem Hund möglichst viele positive Erfahrungen in Ihrer Nähe zu vermitteln. Fasst er langsam Vertrauen, dann bewegen Sie die Arme über dem Hund, ohne ihn tatsächlich zu berühren. Je besser er das akzeptiert, desto dichter können Sie an ihn heran. Halten Sie die Übungseinheiten kurz. Steigern Sie die Anforderungen nur in minimalen Schritten und lassen Sie ihm Zeit. Erarbeiten Sie sich so die Möglichkeit, Ihren Hund konfliktfrei berühren zu können. Von anderen Personen muss sich Ihr Hund nicht anfassen lassen. Strahlen Sie Ruhe und passive Freundlichkeit aus.

...bellt, wenn ich telefoniere

Häufig setzen Hunde das Bellen ein, um die Aufmerksamkeit des Menschen auf sich zu lenken. Schimpfen oder Ermahnungen wie „Pfui" und „Ruhig!" wirken sich daher als Belohnung aus, da der Hund Beachtung bekommt, und sollten unterbleiben. In nächster Zeit wenden Sie sich Ihrem Hund immer dann bewusst zu, wenn er sich still und brav verhält. Nehmen Sie ab und zu den Telefonhörer ans Ohr und führen Sie ein fiktives Gespräch. Solange der Vierbeiner bellt, beachten Sie ihn nicht, drehen ihm sogar den Rücken zu und „unterhalten" sich ungehindert weiter. Hält er auch nur für Sekunden den Mund, legen Sie sofort auf und reden freundlich mit ihm. Machen Sie ein Spiel daraus :„Hörer ans Ohr", wenn er bellt, „Hörer auf die Gabel", wenn er still bleibt. Auch das Zuwerfen von Leckerchen, wenn er mehr als drei Sekunden still bleibt, hat sich bewährt. Versteht der Vierbeiner

Bellen kann viele Ursachen haben: Von Aufmerksamkeitsbegehren über Unsicherheit bis hin zu Aufregung oder Aggression.

den Zusammenhang von Futterbelohnung und Stillsein, dann können Sie den Zeitraum in kleinen Schritten ausdehnen und das Futter immer einen Moment später zuwerfen. Bellt der Hund zwischendurch, beginnen Sie wieder von vorn die Sekunden des Stillseins zu zählen. Wer bellt, muss zurück zum „Start" – das ist eine klare Regel.

...bellt andere Hunde an

Oftmals bellen Hunde ihre Artgenossen aus Unsicherheit an. Vermitteln Sie Ihrem Hund zunächst mehr Selbstsicherheit durch Übungen wie Balancieren, Klettern, Kriechen und Ähnliches. Reden Sie freundlich mit ihm, sobald fremde Hunde auftauchen – dadurch atmen Sie und Sie nehmen damit die Spannung aus der Situation. Streuen Sie viele Leckerchen auf den Boden und geben Sie ihm eine Alternative (Leckerchensuche). Achten Sie darauf, dass der Abstand zu den fremden Hunden groß genug ist.

Gassiprobleme: Mein Hund...

...will nicht Auto fahren

Das Schwanken und Vibrieren eines fahrenden Autos löst bei manchen Vierbeinern Übelkeit aus, die sogenannte Reisekrankheit. Eine Fehlfunktion im Innenohr ist meistens dafür verantwortlich. Beim Tierarzt erhältliche Tropfen können die Übelkeit lindern. Füttern Sie Ihren Hund nicht unmittelbar vor einer Autofahrt, um Erbrechen zu vermeiden. Verlagern Sie viele angenehme Situationen ins stehende Auto, zum Beispiel die Fütterung oder eine gemeinsame Spielstunde. Beginnen Sie dann mit extrem kurzen Fahrten (circa 20 Meter), die von einem tollen Spaziergang abgerundet werden. Dehnen Sie die Fahrtzeiten langsam aus. Leiden junge Hunde unter einer „Auto-Phobie", legt sich diese meist mit dem Erwachsenwerden.

...zerrt an der Leine

Ihr Hund muss lernen, dass er ausschließlich an lockerer Leine die Möglichkeit erhält, angenehme Dinge zu tun. Also ab sofort ist Schnuppern, Vorwärtsgehen, Pinkeln, Menschen oder Hunde begrüßen nur noch an lockerer Leine erlaubt. Strafft der Hund die Leine, bleiben Sie sofort stehen. Will er an straffer Leine eine der angenehmen Tätigkeiten ausführen, führen Sie ihn sanft, aber bestimmt von der interessanten Stelle weg. Ist die Leine locker, am hängenden Leinenkarabiner zu erkennen, gehen Sie schnell auf die Bewegungsrichtung des Hundes ein. Als Belohnung für die lockere Leine darf Ihr Hund quasi Tempo und die Richtung bestimmen, dabei ausführlich schnuppern und erhält zudem jede Menge Leckerchen, die Sie immer wieder direkt neben sich auf den Boden fallen lassen.

Nach einigen Wochen brauchen Sie nicht mehr jede vom Hund vorgeschlagene Richtung zu gehen – es reicht aus, wenn Sie ab und zu darauf eingehen, um das Verhalten „lockere Leine" zu erhalten. Wichtig für den Erfolg dieses Umlernprozesses ist, dass alle Familienmitglieder das Stop and Go ganz konsequent einhalten.

...kommt nicht, wenn ich ihn rufe

Wahrscheinlich hat Ihr Hund zu häufig „Bello, komm" gehört, während er sehr abgelenkt war. Schrauben Sie Ihre Anforderungen zurück und verzichten Sie in den nächsten Tage ganz auf ein Hörzeichen beim Herlocken des Hundes. Jede Annäherung des Hundes aus eigener Initiative belohnen Sie hingegen fürstlich. Bald wird er deutlich häufiger und williger zu Ihnen kommen. Passen Sie nun Ihre Hörzeichen exakt an das hundliche Verhalten an. Erst wenn sich der Vierbeiner auf den Weg zu Ihnen macht, sagen Sie einmal seinen Namen und „Komm", gehen dabei leicht rückwärts und hal-

Findet der Hund anderes wichtiger, als seinen Menschen, hilft nur noch der Neuaufbau, des „Komm"-Signals mithilfe von vielen Leckerchen.

ten ihm mit einer einladenden, halbkreisförmigen Handbewegung eine leckere Belohnung vor die Nase. Sobald er bei Ihnen ist, darf er den Happen fressen. Schicken Sie ihn mit einem freundlichen „Ok" gleich wieder weg.

...springt fremde Personen an

Das beste Mittel, um Hunden das Anspringen abzugewöhnen, ist, wenn Sie ein zuverlässiges „Sitz" einüben. Ein Hund, der sitzt, kann nicht gleichzeitig hochspringen. Üben Sie das zunächst mit Bekannten und Freunden, am besten auch mit etwas größeren Kindern. Fordern Sie auch draußen konsequent das „Sitz" von ihm, wenn andere an Sie herantreten.

...frisst Unrat vom Boden

Ein weiteres, recht stark verbreitetes Problem ist, wenn der Hund alles frisst, was ihm in die Quere kommt: Unrat, Kot, Speiseabfälle oder Tierkadaver. In diesem Zusammenhang stellt sich oft die Frage nach dem von mir bevorzugten Futterausstreuen als Belohnung und Beschäftigung. Fördert man damit unter Umständen das unerwünschte Fressverhalten? Die Erfahrung sagt „Nein", das Gegenteil trifft zu. Beim Hund prägt sich die Gewohnheit ein, nach seinen speziellen Leckerchen zu suchen. Dadurch geht seine Aufmerksamkeit verstärkt zu den Leckerchen und damit vom Unrat weg. Es ist ungefähr so, als ob Sie im Laden nach einem weißen

T-Shirt suchen – dadurch schauen Sie die grünen und blauen Shirts erst gar nicht an, denn danach suchen Sie ja nicht.

Beschäftigen Sie den Hund beim Spaziergang viel, lenken Sie ihn mit Futtersuchspielchen und kleinen, spannenden Aufgaben ab, um seine Aufmerksamkeit auf den Menschen zu lenken. Wenn der Hund Pferdeäpfel & Co. in die Nase bekommt, finden Sie genau in diesem Augenblick ein supertolles Futterdepot und locken den Hund mit Ihrem individuellen Schlachtruf zu sich (und damit weg von der Ekel-Stelle).

Schulen Sie Ihr Auge – kein Hund stürzt sich ohne Vorwarnung auf etwas „Essbares". Zuvor geht der Kopf zu Boden, die Rute beginnt typisch zu wedeln und der Hund beginnt mit der Feinortung seines „Schatzes". Lenken Sie ihn rechtzeitig und unter Einsatz einer supertollen Jackpotbelohnung ab. Bedenken Sie, dass er aus seiner Sicht auf einen „Millionengewinn" verzichten soll, da muss Ihr Gegenangebot schon überzeugen.

...geht nicht gern zur Hundeschule

Qualitatives Hundetraining macht Spaß – Mensch und Tier. Anzeichen von Unlust oder gar Angst des Hundes vor dem Übungsgelände, dem Trainer oder den Übungen sollten Sie ernst nehmen. Überlegen Sie, woran es liegen könnte und suchen Sie bald eine kompetente Hundeschule auf.

Je nach Hunderasse nehmen die Ablenkungsreize einen unterschiedlichen Stellenwert ein. Für einen Labrador ist Wasser nahezu unwiderstehlich. Dafür lässt er auch mal seinen Menschen stehen. Wägen Sie die Stolpersteine vorher ab.

Häusliche Probleme: Mein Hund ...

... klaut vom Tisch

Hat ein Hund erst einmal die Erfahrung gemacht, dass es sich lohnt, Essen vom Tisch zu nehmen, ist ein überaus sorgfältiges Umweltmanagement notwendig. Lassen Sie ab sofort nie mehr, wirklich nie mehr, Essbares unbeobachtet in Reichweite des Hundes liegen. Der Hund soll nun über einen längeren Zeitraum die Erfahrung machen, dass es auf dem Tisch oder Küchenbüfett nichts zu holen gibt.

Wenn Sie Zeit für eine kleine Erziehungseinheit haben, setzen Sie sich mit etwas Essbarem oder einer Schüssel Hundefutter an den Tisch, auf das Sofa oder in die Küche. Gut ist es, wenn sein Körbchen oder die mobile Reisedecke im Raum steht beziehungsweise liegt. Ignorieren Sie nun alle Versuche des Hundes, durch Betteln oder Nase auf den Tisch strecken etwas von den Leckereien zu bekommen. Schicken Sie ihn in sein Körbchen beziehungsweise auf die mobile Decke und werfen Sie ihm sofort Leckerchen vom Tisch zu, wenn er sich auf seinem Platz aufhält. Im Moment soll es uns egal sein, ob er dort sitzt, steht oder liegt – Hauptsache, alle vier Pfoten sind auf dem ihm zugewiesenen Platz. Versucht er, etwas am Tisch zu ergattern, sorgen Sie dafür, dass es garantiert nichts gibt. Geben Sie ihm keine Rückmeldung mit „Nein" oder „Geh weg!", denn das wäre schon zu viel an Aufmerksamkeit (= Belohnung) für sein (unerwünschtes) Verhalten. Die Erfahrung, dass es am Tisch nichts gibt, reicht aus. Bald wird der Vierbeiner begreifen, dass für ihn nur eine Möglichkeit besteht, etwas vom Tisch zu ergattern: Wenn er auf seiner Decke beziehungsweise in seinem Korb ist. Nur dort geht der Leckerli-Regen los. Belohnen Sie wie immer anfangs häufig und im Laufe der Zeit nur noch sporadisch.

... bettelt beim Essen

Lesen Sie den oben beschriebenen Abschnitt „Mein Hund ... klaut vom Tisch". Im Prinzip gilt hier der gleiche Lösungsansatz. Ihr Hund hatte „Erfolg" mit einem treuherzigen Blick, sanftem Kopfauflegen und/oder erbarmungswürdigem Jammern und Fiepen (oder zornigem Bellen?): Jemand am Tisch ließ sich erweichen und reichte ihm einen Happen. Das Betteln hat sich für den Hund gelohnt. Künftig wird er das Betteln nicht nur wiederholen, sondern von Tag zu Tag verstärken – warum sollte man eine so „erfolgreiche" Taktik nicht weiter ausbauen? Möchten Sie ihm das Betteln abgewöhnen, sollten Sie dafür sorgen, dass ab sofort jeder (Jeder! – Auch die Kinder der Familie und die Erbtante) jegliches Betteln am Tisch ignoriert. Geben Sie dem Hund zwei- bis dreimal die Idee, auf seine Decke zu gehen und starten Sie sofort einen prasselnden Leckerchenregen, solange er dort bleibt. Alle dürfen während der Mahlzeit ihm etwas auf die Decke werfen, solange sich alle vier Pfoten auf dem zugewiesenen Platz befinden.

Im Laufe der Zeit dürfen Sie den Leckerchenregen etwas reduzieren, später fällt nur noch ab und zu einmal etwas vom Tisch ab.

...knurrt mich an

Knurren ist an sich nichts Negatives. Es ist eines unter vielen Kommunikationssignalen. Zwei Informationen beinhaltet diese häufig gefürchtete Lautäußerung: Die erste und wichtigste lautet: „Ich will nicht (!) beißen" – sonst hätte er schon längst zugeschnappt. Die zweite Information heißt: „Du bist mir definitiv zu nah, halte mehr Abstand!" Bevor der Hund so massiv äußert, dass wir die Grenzen überschritten haben, hat er zuvor schon auf andere Art und Weise versucht, uns dies zu verdeutlichen. In Hundesprache heißt ein Blinzeln, ein Wegschauen oder Kopfwegdrehen, ein sekundenschnelles Über-die-Nase-Lecken, ein Gähnen oder Zurückweichen häufig: „Es ist mir zu eng (zu schwierig) hier. Ich fühle mich nicht mehr wohl". Leider übersehen wir Menschen diese feinen Signale häufig. Signalisiert er uns mehrfach, dass ihm die Situation nicht behagt und wir übersehen das einfach, dann muss er deutlicher werden. Es ist ungefähr so, als ob Sie einen anderen Menschen freundlich darum bitten, seine Hände von Ihrer Brieftasche zu lassen. Reagiert der andere nicht auf Ihre Bitte, dann formulieren Sie es deutlicher: „Das ist meine Brieftasche! Lassen Sie mich in Ruhe!" Wie würden Sie reagieren, wenn die betreffende Person nun, völlig unbeeindruckt von Ihren Worten, weiterhin versucht, Ihnen die Geldbörse wegzunehmen? Jetzt müssten Sie Klartext sprechen.

Knurrt Ihr Hund Sie an, dann wissen Sie, dass Sie seine vorherigen höflichen Aufforderungen schlichtweg nicht wahrgenommen haben und er sich nun (aus seiner Sicht) in einer Notlage befindet. Der Hund fühlt sich in seinen Rechten bedroht. Ihm fehlt offensichtlich das Vertrauen, dass Sie ihm nichts wegnehmen und auch nichts Böses antun möchten.

Würden Sie den Hund nun für das Knurren – also seinen Kommunikationsversuch im Sinne von: „Hey, lass uns nicht streiten. Geh einfach weg!" bestrafen, knurrt er Sie künftig vielleicht nicht mehr an, sondern beißt gleich zu. Riskieren Sie eine solche gefährliche Entwicklung keinesfalls. Ein Hund, der klar kommuniziert (und durch Knurren deutlich warnt) wird kaum gefährlich, da er rechtzeitig zu verstehen gibt, wann seine Grenzen erreicht sind. Sehen Sie das Knurren als ein wichtiges Kommunikationssignal im Sinne der Konfliktvermeidung an. Vermitteln Sie ihm, dass es sich immer für ihn lohnen wird, wenn er mit Ihnen Beute tauscht. Lesen Sie dazu mehr über „Beutetausch und Apportieren" Seite 74.

Auch Hunde haben eine Intimsphäre und möchten manchmal ihre Ruhe haben.

Service

Büchertipps für Hundefreunde

Hunderassen

Krämer, Eva-Maria: **Der neue Kosmos-Hundeführer.** Kosmos, 2002

Krämer, Eva-Maria: **250 Hunderassen.** Kosmos, 2007

Hundeerziehung

Blenski, Christiane: **Hunde erziehen ganz entspannt.** Kosmos, 2005

Fichtlmeier, Anton: **Grunderziehung für Welpen.** Kosmos, 2005

Führmann, Petra und Nicole Hoefs: **Das Kosmos-Erziehungsprogramm für Hunde.** Kosmos, 2007

Mücke, Anke: **Zufrieden an der Leine.** Kosmos, 2007

Pietralla, Martin: **ClickerTraining für Hunde.** Kosmos, 2000

Theby, Viviane: **Die Kosmos-Welpenschule.** Kosmos, 2004

Theby, Viviane: **Verstehe deinen Hund.** Kosmos, 2006

Hundeverhalten

Abrantes, Roger: **Hundeverhalten von A – Z.** Kosmos, 2005

Bailey, Gwen: **Was denkt mein Hund?** Kosmos, 2005

Feddersen-Petersen, Dr. Dorit: **Hundepsychologie.** Kosmos, 2004

Nijboer, Jan: **Hunde verstehen mit Jan Nijboer.** Kosmos, 2004

Schöning, Barbara: **Hundeverhalten.** Kosmos, 2001

Schöning, Barbara; Nadja Steffen; Kerstin Röhrs: **Hundesprache.** Kosmos, 2004

Spiel und Beschäftigung

Blenski, Christiane: **Hundespiele.** Kosmos, 2007

Durst-Benning, Petra und Carola Kusch: **Spiele-Spaß für Hunde.** Kosmos, 2006

Führmann, Petra und Nicole Hoefs: **Erziehungsspiele für Hunde.** Kosmos, 2002

Lübbe, Perdita und Ulrike Thurau: **Das Kosmos-Buch vom Apportieren.** Kosmos, 2007

Schneider, Dorothee und Armin Hölzle: **Fährtentraining.** Kosmos, 2005

Hundelektüre fürs Sofa

Coren, Stanley: **Hunde, die Geschichte schrieben.** Kosmos, 2006

Hoefs Nicole und Petra Führmann: **Was liest der Hund am Laternenpfahl?** Kosmos 2007

Weiershausen, Anja: **Populäre Irrtümer über Hunde.** Kosmos 2007

Nützliche Adressen

Deutschland

Verband für das Deutsche Hundewesen e.V. (VDH)
Westfalendamm 174
44141 Dortmund
Tel. 0231 56 50 00
Fax 0231 59 24 40
Info@vdh.de
www.vdh.de

Berufsverband der Hundeerzieher/innen und Verhaltensberater/innen (BHV)
Eppsteiner Str. 75
65719 Hofheim
Tel. 06192 958 11 36
Fax 06192 958 11 38
info@bhv-net.de
www.bhv-net.de

Gesellschaft für Haustierforschung
Eberhard-Trumler-Station
Wolfswinkel 1
57587 Birken-Honigessen
Tel. 02742 67 46
info@gfh-wolfswinkel.de
www.gfh-wolfswinkel.de

Gesellschaft zur Förderung Kynologischer Forschung (GKF)
Postfach 14 03 53
53058 Bonn
Tel. 0180 3 34 74 94
info@gkf-bonn.de
www.gkf-bonn.de

Bundestierärztekammer (BTK)
Oxfordstr. 10
53111 Bonn
Tel. 0228 72 54 60
Fax 0228 72 54 666
geschaeftsstelle@btk-bonn.de
www.bundestieraerztekammer.de

Deutscher Hundesportverband e. V. (dhv)
Gustav-Sybrecht-Straße 42
44536 Lünen
Tel. 0231 87 80 10
Fax 0231 87 80 122
info@dhv-hundesport.de
www.dhv-hundesport.de

Österreich

Österreichischer Kynologenverband (ÖKV)
Siegfried Marcus-Str. 7
2362 Biedermannsdorf
Tel. 0043 2236 710 667
Fax 0043 2236 710 667 30
office@oekv.at
www.oekv.at

Schweiz

Schweizerische Kynologische Gesellschaft (SKG)
Länggassstr. 8
3001 Bern
Tel. 0041 313 06 62 62
Fax 0041 313 06 62 60
skg@hundeweb.org
www.hundeweb.org

Zum Gedenken an Ismo

Vier Monate nach dem Fototermin zu diesem Buch verstarb unser geliebter Schäferhund Ismo an einer unheilbaren Krankheit. Er war ein wunderbarer Freund und Lehrer – wir vermissen ihn sehr.

Dorothee Schneider

Register

Wie Hunde wirklich lernen

Spiel und Spaß für Mensch und Hund

Christiane Blenski
Hundespiele
128 Seiten, 250 Farbfotos
€/D 14,95
€/A 15,40; sFr 27,90
Preisänderungen vorbehalten
ISBN 978-3-440-10711-9

■ „Das probiere ich gleich mal aus!" – Frische Spielideen, individuell auf jeden Hundetyp abgestimmt.

■ Ob mit Schwung oder mit Köpfchen, zu zweit oder mit Kindern, ob draußen oder im Wohnzimmer, hier sind über 50 Anleitungen für Spiele, die die Hundebegeisterung neu entfachen.

■ Jedes Spiel wird Schritt für Schritt mit vielen Fotos erklärt.

www.kosmos.de

KOSMOS

Bildnachweis / Impressum

Bildnachweis

Die Farbfotos wurden von Horst Streitferdt/Kosmos extra für dieses Buch aufgenommen.
Weitere Aufnahmen von Melanie Grande/Kosmos (1; S. 130), Melanie Grande/Supreme/Kosmos (4; S. 46, 47 beide, 126 u.), Thomas Höller/Kosmos (1; S. 32 m.), Juniors Bildarchiv (9; S. 6 beide, 7, 110–111, 120, 121 alle 3, 123 u.), Karin van Klaveren/Kosmos (4; S. 92 alle 3, 93), Christof Salata/Kosmos (9; S. 24, 25, 26 beide, 27 beide, 42, 105 beide), Sabine Stuewer/Kosmos (28; S. 14–15, 16 beide, 17, 20 beide, 21, 44 beide, 45, 100 alle drei, 101, 107, 112 beide, 113, 114 beide, 115 beide, 116 beide, 117, 118, 119, 124–125, 132–133) und Vivien Venzke/Kosmos (6; S. 40 o., 41 beide, 78, 79 m. und u.).

Impressum

Umschlaggestaltung von eStudio Calamar unter Verwendung von 2 Farbfotos von Sabine Stuewer.

Mit 210 Farbfotos.

Unser gesamtes lieferbares Programm und viele weitere Informationen zu unseren Büchern, Spielen, Experimentierkästen, DVDs, Autoren und Aktivitäten finden Sie unter **www.kosmos.de**

Gedruckt auf chlorfrei gebleichtem Papier

© 2008, Franckh-Kosmos Verlags-GmbH & Co. KG, Stuttgart
Alle Rechte vorbehalten
ISBN 978-3-440-10995-3
Redaktion: Alice Rieger
Gestaltungskonzept: Sven Melchert / Mark Emmerich
Produktion: Eva Schmidt
Printed in Germany / Imprimé en Allemagne